# 土壤保护
## 300问

徐明岗  刘宝存  陈守伦 等 ◎编著

U0294237

中国农业出版社
北　京

# 内容提要《土壤保护300问》

　　万物土中生，土壤是人类活动的基础。本书针对我国存在的土壤退化、保护和耕地质量提升的突出问题，简明扼要地介绍了土壤的生产功能、生态功能、环境功能和景观文化传承功能及其保护，以及土壤保护相关法律法规等。在了解土壤基础知识和主要功能基础上，重点介绍了耕地质量提升和质量建设保护等知识。全书采用回答问题的形式来编写，图文并茂，通俗易懂。

　　本书可供广大科技工作者、大专院校师生和广大农民学习土壤学知识时参考。

# 《土壤保护300问》编辑委员会

# 前　言
## FOREWORD

　　"民以食为天，食以土为本"。土壤是农业生产的基础，是粮食安全的保障。近年来，全球土壤质量退化形势严峻，严重威胁农产品有效供给和人类生存与健康。2015年出版的《健康土壤200问》，以科普问答形式，简明扼要、系统阐述了土壤的基础知识和土壤主要功能及其保护，加强了人们对土壤的认知，提高了人们对土壤在粮食安全和基本生态系统功能方面重要作用的认识和了解。

　　然而，我国存在着较为突出的区域性土壤质量退化问题，如东北地区的有机质含量明显下降，东部、南方地区土壤酸化日趋严重，华北地区土壤耕层变浅，西北地区及沿黄灌区土壤次生盐渍化问题突出，保护地土壤盐渍化造成的土传病害加剧等，并且在不同区域也存在着土壤的污染问题。因此，耕地质量保护与提升、耕地土壤安全问题已经引起国家及各级农业部门的高度重视。

　　为进一步提升公众对土壤保护的认知及意识，《土壤保护300问》在系统介绍土壤及其功能知识的基础上，进一步拓宽了土壤保护与质量提升等知识。本书语言通俗易懂，图文并茂地介绍了土壤基本知识、土壤功能及保护提升，旨在普及宣传对耕地质量提升与土壤保护的相关政策及不同技术模式等的认识和应用，具有很强的实践指导意义。

　　本书是在农业部种植业管理司的领导下，由农业部耕地质量建设与管理专家组、北京土壤学会、中国土壤学会、中国植物营养与肥料学会、优质农产品开发服务协会健康土壤分会、中国土壤学会科普工作委员会等学术团体共同协作完成。本书的文字和图片主要来自于编著者的科研和教学实践，因此具有较强的实践性。

　　本书在编写和出版过程中，得到农业部耕地质量监测保护中心、中国农业科学院农业资源与农业区划研究所、中国农业大学资源与环境学院、北京市农林科学院、全国农业技术推广服务中心、北京市土肥工作站等单位领导和专家的大力支持，特此致以最衷心的感谢！

　　本书的出版，也是对农业部耕地质量监测保护中心成立的祝贺和献礼！

　　由于时间仓促，以及编著者水平有限，不足之处，敬请广大读者批评指正！

编著者

2017年5月2日

# 目　录
## CONTENTS

前言

○ **第一部分　土壤基础知识** / 1

1. 什么是土壤？ / 1

2. 土壤是如何形成的？ / 2

3. 土壤有哪六大功能？ / 3

4. 土壤是由哪些物质构成的？ / 4

5. 土壤三相比有什么意义？ / 4

6. 土壤有机质从哪里来？在土壤中起哪些作用？ / 5

7. 如何提高土壤有机质含量？ / 6

8. 土壤矿物主要有哪些？ / 7

9. 什么是有机土壤？什么是矿质土壤？ / 8

10. 东北土壤矿物组成有什么特点？ / 8

11. 西北土壤矿物组成有什么特点？ / 9

12. 华北土壤矿物组成有什么特点？ / 10

13. 南方土壤矿物组成有什么特点？ / 10

14. 什么是土壤颗粒组成？ / 11

15. 什么是土壤团聚体？ / 12

16. 什么是土壤容重？ / 13

17. 什么是土壤比重？ / 14

18. 什么是土壤孔隙？ / 15

19. 如何判别土壤孔隙？/ 16

20. 如何在田间快速判断土壤的孔隙状况？/ 17

21. 土壤中的水分作物都能够"喝"吗？/ 18

22. 土壤会呼吸吗？/ 19

23. 什么是土壤结构体？/ 20

24. 如何培育良好的土壤团粒结构？/ 21

25. 如何在田间判断土壤结构的一致性？/ 22

26. 如何在田间做土壤的湿化稳定性检测？/ 24

27. 什么是土壤质地？/ 26

28. 在田间如何甄别土壤质地？/ 27

29. 黏质土壤如何科学的利用？/ 28

30. 沙质土壤如何科学的利用？/ 29

31. 土壤的"体温"是由什么决定的？/ 30

32. 为什么有些土壤为"冷性土"，而有些土壤
    为"热性土"？/ 31

33. 什么是土壤pH？/ 32

34. 土壤pH对养分有效性有什么影响？/ 33

35. 如何调节土壤的pH？/ 34

36. 什么是阳离子交换量？/ 36

37. 阳离子交换量有什么作用？/ 37

38. 为什么有些土壤呈酸性，而有些土壤呈碱性？/ 38

39. 为什么有些土壤"保肥"，而有些土壤"漏肥"？/ 39

40. 什么是土壤发生分类？/ 40

41. 什么是土壤系统分类？/ 41

42. 土壤有年龄吗？/ 42

43. 什么是数字土壤？/ 44

44. 我国土壤类型主要有哪些？/ 45

45. 为什么土壤有不同的颜色？/ 46

46. 什么是五色土？ / 47

47. 黑土有什么特点？ / 48

48. 红壤有什么特点？ / 49

49. 褐土有什么特点？ / 50

50. 棕壤有什么特点？ / 51

51. 黄土有什么特点？ / 52

52. 水稻土有什么特点？ / 53

53. 灰漠土有什么特点？ / 54

54. 泥炭土有什么特点？ / 55

55. 土壤和耕地的关系是什么? / 56

56. 土壤、土地与国土有何区别? / 56

○ 第二部分　土壤生产功能及其保护 / 58

57. 什么是土壤肥力？ / 58

58. 影响土壤肥力的主要因素有哪些？ / 59

59. 如何提升土壤肥力？ / 59

60. 为什么说中国农田土壤肥力普遍偏低？ / 61

61. 什么是地力和地力贡献率？ / 61

62. 我国农田地力贡献率与美国差异有多大？ / 62

63. 我国不同区域农田地力贡献率有多大？ / 63

64. 土壤是"静止"的吗? / 64

65. 土壤需要"休息"吗? / 64

66. 为什么古人说"用之得宜，地力常新"？ / 65

67. 什么是高产田? / 66

68. 为什么我国中低产田比例近50年来一直维持在2/3？ / 67

69. 土能吃吗? / 68

70. 什么是土壤保肥性？ / 68

71. 如何提升土壤保肥能力？ / 69

72. 什么是土壤供肥性？ / 70

73. 如何提升土壤供肥能力？ / 70

74. 如何提升土壤保水、供水能力？ / 71

75. 土壤生产力用什么表征？ / 72

76. 土壤肥力和土壤生产力的关系是什么？ / 73

77. 为什么说土壤培肥是一项长期工作？ / 74

78. 高产肥沃土壤的特征有哪些？ / 75

79. 土壤健康指什么？ / 75

80. 施肥会导致土壤退化吗？ / 76

81. 如何理解"庄稼一枝花，全靠肥当家"，
    施肥越多越好吗？ / 77

82. "养分归还学说"是基于什么理论提出来的？ / 78

83. 什么是土壤养分平衡？ / 79

84. 什么是土壤养分的生物有效性？ / 79

85. 土壤养分存在"木桶理论"吗？ / 79

86. 什么是养分的报酬递减律？ / 80

87. 我国的化肥利用率为什么偏低？ / 80

88. 如何理解和实现化肥的减施增效？ / 81

89. 如何提高化肥利用率？ / 82

90. 为什么控释肥料对土壤环境负效应小？ / 83

91. 什么是微生物肥料？ / 84

92. 什么是炭基肥？ / 84

93. 什么是"全元生物有机肥"？ / 85

94. 有机肥能防治土壤退化吗？ / 85

95. 有机肥中的重金属能导致土壤污染吗？ / 86

96. 有机肥中的抗生素对土壤健康有什么影响？ / 87

97. 如何合理施用有机肥？ / 87

98. 生物有机肥对土壤培肥作用何在？ / 88

99. 生物有机肥施用的注意事项有哪些？ / 88

100. 什么是平衡施肥和测土施肥？ / 89

101. 什么是水肥一体化？ / 90

102. 为什么要推广秸秆还田？ / 91

103. 我国南方秸秆还田的技术模式有哪些？ / 92

104. 我国北方秸秆还田的技术模式有哪些？ / 93

105. 为什么秸秆还田要增施一些氮肥？ / 94

106. 为什么秸秆还田要配合施用秸秆腐熟剂？ / 94

107. 为什么北方秸秆还田配合有机肥施用效果好？ / 95

108. 为什么要推广绿肥？ / 96

109. 北方主要绿肥品种有哪些？ / 97

110. 北方主要绿肥栽培技术要点是什么？ / 98

111. 南方主要绿肥品种有哪些？ / 99

112. 南方主要绿肥栽培技术要点是什么？ / 100

113. 什么是土壤剖面？ / 101

114. 什么是耕层？ / 102

115. 土壤耕层为什么会变浅？ / 103

116. 土壤需要深耕还是浅耕？ / 104

117. 如何培育良好的耕层？ / 104

118. 什么是犁底层？ / 105

119. 犁底层有什么作用？ / 106

120. 如何判断土壤犁底层的好坏？ / 106

121. 什么是土壤板结？ / 107

122. 如何防治土壤板结？ / 108

123. 土壤板结和土壤压实是一回事吗？ / 110

124. 什么叫保护性耕作？ / 110

125. 保护性耕作在中国应用如何？ / 111

126. 世界上保护性耕作趋势何在？ / 112

127. 什么是土壤深松，对提升土壤肥力有何作用？ / 112

128. 什么是连作和间作？ / 113

129. 什么是重茬和迎茬？ / 115

130. 为什么要轮作？ / 116

131. 为什么要间套作？ / 117

132. 英国170年的轮作长期试验对我们的启示是什么？ / 119

133. 什么是连作障碍？ / 120

134. 生物有机肥能减轻连作障碍吗？ / 121

135. 土壤消毒能防止连作障碍吗？ / 122

136. 为什么西瓜接种能防治其连作障碍？ / 123

137. 如何防治大豆连作障碍？ / 124

138. 盐碱地里能种水稻吗? / 125

139. 田间杂草一定要全部去除吗? / 124

## ⊙ 第三部分　土壤生态功能及其保护 / 127

140. 如何理解土壤是生命体？ / 127

141. 土壤生物喜欢"吃"什么养分? / 128

142. 什么是土壤微生物？ / 128

143. 土壤微生物的种类和作用何在？ / 129

144. 土壤动物有哪些？ / 131

145. 土壤生物对维护土壤健康有什么作用? / 132

146. 为什么说蚯蚓数量能判断土壤质量？ / 132

147. 如何在田间利用蚯蚓判断土壤质量? / 133

148. 菌根是根吗？ / 134

149. 生产上如何应用菌根？ / 136

150. 什么是土壤酶？ / 137

151. 土壤酶的主要类型有哪些？ / 138

152. 什么是土壤生物多样性？ / 140

153. 如何改善土壤生物多样性？ / 140

154. 什么是土壤生态？ / 142

155. 什么是土壤生态系统？ / 142

156. 为什么说土壤既是"碳汇"又是"碳源"？/ 143

157. 土壤在碳交易中的作用是什么？/ 144

158. 什么是土壤有机碳的平衡点和饱和点？/ 145

159. 如何理解农田土壤的固碳潜力？/ 146

160. 你知道"千分之四全球土壤增碳计划"吗？/ 146

161. 我国农田土壤固碳前景如何？/ 147

162. 什么是土壤圈？ / 148

163. 什么是土宜？ / 149

164. 为什么河北、河南个别地方能产出"贡米"？ / 149

165. 为什么通常东北大米好吃？ / 150

166. 土壤含有哪些养分？作物都能吸收利用吗？ / 150

167. 土壤是如何向作物提供氮素营养的？ / 151

168. 施入土壤的氮肥都去哪儿了？ / 152

169. 土壤中的磷作物都能吸收利用吗？ / 153

170. 施入土壤的磷肥都去哪儿了？ / 154

171. 为什么说农田氮磷流失对地下水、湖泊、
河流等水质变坏负重要责任？ / 156

172. 钾在土壤什么地方？为什么很多土壤需要
施用钾肥？ / 157

173. 为什么有些土壤需要施用微量营养元素肥料，
而另一些土壤不需要？ / 158

174. 土壤主要中量元素有哪些？如何补充
土壤中量元素？ / 160

175. 森林土壤有什么特点？ / 161

176. 森林土壤表层有机质含量为什么很高？ / 161

177. 森林土壤酸碱性如何？ / 162

178. 森林土壤剖面有什么特征？ / 162

179. 森林土壤开垦为农田会有什么变化？ / 163

180. 我国森林土壤资源分布有什么特点？ / 164

181. 我国森林土壤主要类型有哪些？ / 165

182. 森林土壤有哪些主要生态功能？ / 165

183. 为什么说土壤生物是森林的"环保卫士"？ / 166

184. 什么是草原土壤？ / 166

185. 草原土壤有什么特点？ / 167

186. 什么是草原的自然退化？ / 168

187. 过度放牧为什么会导致草原退化？ / 169

188. 草原土壤剖面有什么特征？ / 170

189. 草原土壤开垦为农田会有什么变化？ / 171

190. 什么是湿地？ / 171

191. 为什么说湿地是地球之肾？ / 172

## ⊙ 第四部分　土壤环境功能及其保护 / 174

192. 常见的"土壤病"有哪些？ / 174

193. 土壤生病了该如何"医治"？ / 175

194. 什么是土壤障碍因子，有哪些类型？ / 176

195. 什么是土壤退化？ / 176

196. 土壤障碍因子和土壤退化的关系是什么？ / 177

197. 人类活动究竟使土壤流失加速了多少？ / 178

198. 土壤酸化是如何形成的？ / 179

199. 土壤对酸和碱具有抵抗力吗？ / 180

200. 我国土壤酸化程度如何？ / 181

201. 土壤酸化会给粮食生产带来哪些不利影响？ / 182

202. 如何防治土壤酸化？ / 183

203. 为什么有机肥能有效防治土壤酸化？ / 183

204. 什么是土壤贫瘠化？ / 184

205. 如何防治土壤贫瘠化？ / 185

206. 什么是土壤养分非均衡化？ / 186

207. 如何防治土壤养分非均衡化？ / 186

208. 土壤中的钙积层和钙磐是怎样形成的？ / 187

209. 如何消除土壤中的钙积层或钙磐？ / 188

210. 土壤中黏化层和黏磐是怎样形成的？
     如何消除？ / 188

211. 土壤中灰化淀积层是如何形成的？ / 189

212. 白浆土是如何形成的？ / 190

213. 如何治理白浆土？ / 191

214. 什么是土壤盐渍化？ / 192

215. 为什么石膏能改良盐碱土？ / 193

216. 为什么有机肥能改良盐碱土？ / 194

217. 如何耕作改良和利用盐土与碱土？ / 194

218. 如何防治土壤次生盐渍化？ / 195

219. 沙化是如何形成的？ / 196

220. 如何防治土壤沙化？ / 197

221. 什么是土壤侵蚀？ / 198

222. 植物篱的形式和作用分别有哪些？ / 199

223. 蓄水沟的形式和作用分别有哪些？ / 200

224. 为什么说中国梯田是世界之最？ / 200

225. 我国南方和北方梯田有什么不同？ / 201

226. 土壤剖面构型不良的影响有哪些？ / 202

227. 如何改良冷浸田? / 203

228. 如何改良反酸田? / 204

229. 为什么说土壤是畜禽粪便的消纳场所? / 204

230. 为什么说土壤是污水的净化器? / 205

231. 为什么说土壤是地下贮水库? / 206

232. 为什么说土壤线虫的作用毁誉参半? / 207

233. 土壤呼吸对温室气体排放的贡献有多大? / 208

234. 垃圾围城对土壤的影响有多大? / 209

235. 设施土壤次生盐渍化怎么办? / 210

236. 薄膜污染土壤改变了什么? / 211

237. 水泥地面替代了土壤给城市带来了什么? / 212

238. 雾霾下的土壤会有什么变化? / 213

239. 城市效应下的土壤会有什么变化? / 214

240. 农业污染与工矿业污染对土壤环境质量的
    影响孰多孰重? / 215

241. 什么是土壤环境质量? / 215

242. 什么是土壤环境容量? / 216

243. 什么是土壤环境背景值? / 216

244. 从土壤到餐桌,哪些重金属飘过? / 217

245. 什么是土壤污染? / 217

246. 什么是土壤重金属污染? / 218

247. 什么是持久性有机污染物? / 219

248. 我国农田污染物的主要来源有哪些? / 220

249. 湖南水稻土镉污染的来源有哪些? / 220

250. 我国土壤污染有什么特征? / 221

251. 如何发现和判断土壤质量变差或被污染? / 222

252. 污水灌溉能引起土壤污染吗? / 222

253. 日本"痛痛病"对我们有什么启示? / 223

254. 为什么湖南砷污染严重？ / 224

255. 什么是土壤修复？ / 225

256. 什么是植物修复？ / 226

257. 为什么说土壤具有自净能力？ / 227

258. 土壤重金属污染修复的技术主要有哪些？ / 227

259. 场地污染如何修复？ / 229

260. 石油污染如何修复？ / 229

261. 是否能对土壤污染进行微生物修复？ / 230

262. 什么是面源污染？ / 231

263. 我国农田面源污染有什么特征？ / 231

264. 农业面源污染的防治措施有哪些？ / 232

265. 农业上的点源污染有哪些？ / 233

266. 发现土壤污染应该怎么做？ / 234

## ○ 第五部分　土壤的景观文化传承等功能及其保护 / 235

267. 什么是城市土壤与海绵城市？ / 235

268. 什么是考古土壤？ / 236

269. 什么是刑侦土壤？ / 236

270. 什么是星际土壤？ / 236

271. 什么是智慧土壤？ / 237

272. 什么是土壤景观？ / 238

273. 我国有哪些典型的土壤景观？ / 238

274. 土壤如何传承文化？ / 239

275. 我国有哪些典型的土壤文化传承案例？ / 240

276. 什么土壤适合修筑土坝？ / 241

277. 什么土壤适合制作砖瓦？ / 242

278. 什么土壤适合制作陶瓷制品？ / 242

279. 什么是土壤自然文化历史档案功能？对其评价
　　主要考虑哪些方面？ / 243

280. 土壤如何反映古环境？ / 243

281. 什么是土壤功能货币化计量？ / 244

282. 如何进行土壤功能评价？ / 245

283. 什么叫作夯土？ / 246

12

⊙ **第六部分　土壤保护相关法规政策与重大节日** / 248

284. 我国现有相关法律法规中土壤保护利用的
　　要点有哪些？ / 248

285. 《土壤环境保护和污染治理行动计划》
　　（"土十条"）主要内容是什么？ / 249

286. FAO的《世界土壤宪章》核心内容是什么？ / 250

287. 欧盟土壤保护主题战略核心何在？ / 252

288. 日本土壤保养法对我们有什么启示？ / 253

289. 为什么我国急需建立耕地质量保护条例？ / 254

290. 如何实现"藏粮于土"？ / 255

291. 国家标准《耕地质量等级》发布的重要意义是什么？ / 256

292. 耕地使用者都有哪些义务来保护耕地？ / 257

293. 哪些废弃物不得在耕地上施用？ / 258

294. 为什么规定建设用地的耕作层必须进行剥离
　　与再利用？ / 259

295. 为什么要捍卫"18亿亩耕地红线"不动摇？ / 260

296. 我国首部高标准农田建设国家标准——《高标准
　　农田建设通则》的主要内容是什么？ / 260

297. 为什么国家一直重视我国黑土地的保护？ / 261

298. 什么是耕地地力评价？ / 262

299. 为什么要开展耕地质量长期定位监测工作？ / 263

300. 我国耕地质量监测网络如何布局？ / 264

301. 《中华人民共和国农业法》中土壤保护利用的
要点有哪些？ / 265

302. 什么是土壤环境质量标准？ / 267

303. 什么是土壤资源调查与评价？ / 269

304. 2015国际土壤年的由来？ / 269

305. 为什么说健康土壤带来健康生活？ / 270

306. 为什么将每年12月5日定为世界土壤日？ / 271

307. 你知道中国耕地质量日吗？ / 272

308. 你知道"世界地球日"吗？ / 274

309. 你知道我国的"全国土地日"吗？ / 274

310. 什么是土壤质量？ / 274

311. 什么是土壤安全？ / 275

312. 什么是全球土壤伙伴关系（GSP）？ / 276

313. 什么是全球土地计划（GLP）？ / 277

314. 什么是地球村？ / 278

315. 为什么要建立粮食生产功能区和重要农产品
生产保护区？ / 279

316. 2017年农业部启动实施的农业绿色发展
五大行动有哪些？ / 279

317. 如何推进农业供给侧结构性改革中耕地质量的保护与
提升？ / 280

318. 如何实现"2020年化肥使用量零增长"行动方案？ / 280

319. 如何开展有机肥替代化肥行动？ / 281

320. 如何实现"互联网+"农业模式中的土壤管理？ / 282

## CHAPTER 1

# 土壤基础知识

## 1. 什么是土壤？

　　土壤俗称"泥巴"，是指覆盖在地球陆地的表面，由矿物、有机物质、水、空气和生物组成，具有肥力特性，能够生长绿色植物的疏松物质层，是岩石圈、大气圈、水圈和生物圈相互作用的产物。"民以食为天，食以土为本"，土壤是人类赖以生存的物质基础，是地球一切生物及非生物的载体。（李玲）

土壤在生态系统中的地位示意图（绘图：潘伟、李玲）

## 2. 土壤是如何形成的？

　　土壤是母质、气候、生物、地形及时间五大因素综合作用的产物。土壤的形成源于岩石的风化，岩石经过长年累月风化，由大石块变成小石块，再变成更细小的石块，最后变成细碎沙粒及土粒，这些物质称为成土母质。低等植物如蕨类植物会在这些沙粒及土粒上生长，动物及微生物也开始在这里生存，这些动、植物死亡后，便会留在土粒中，经过土壤中微生物的分解，形成有机物质与土粒混合的原始土壤。经过更长时间的演替，高等植物如草本、木本植物也开始出现，更多的动物及微生物也在此"安家"，这些动植物的残体，经过土壤中微生物的分解，形成了养分丰富的成熟土壤。（李玲）

土壤典型剖面照片

（上层：黑色部分为土壤；下层：岩石碎块为母质）（摄影：徐明岗）

**土壤有哪六大功能？**

　　土壤作为多功能的历史自然体，主要具有如下六大功能：①生产功能：土壤是人类食物生产的主要基地，地球上90%以上的食物来自于土壤，可以说没有土壤人类将无法生存；②生态功能：土壤作为陆地生态系统中生物的支撑结构，通过物质循环与能量的转化，协调陆地生态系统结构和功能的变化，维持陆地生态系统的和谐与稳定；③环境功能：全球有50%～90%的污染物最终滞留于土壤中，进入土壤后的污染物，进过一系列的物理、化学和生物学反应，其毒害得到降低或消除，土壤对污染物的缓冲和净化作用在稳定和保护人类生存环境中发挥重要的作用；④工程功能：土壤是道路、桥梁、隧道、水坝等一切建筑物的地基，同是土壤又是工程建筑的原始材料，其中90%以上的建筑材料均来自于土壤；⑤社会功能：土壤是支撑人类社会生存和发展的最珍贵的自然资源，是维持人类生存的必要条件，它不仅具有自然属性，同时具有经济属性和社会属性；⑥文化传承功能：土壤作为

美丽的越秀公园一角（摄影：李玲）

人类遗迹和其他形式文化遗产的覆盖层功能，使博大精深的人类文明得以弘扬和传承。（李玲、徐明岗）

**4.** **土壤是由哪些物质构成的？**

4

　　土壤是由固相、液相和气相三类物质组成的。固相包括土壤矿物质、有机质和微生物等；液相主要指土壤水分；气相是存在于土壤孔隙中的空气。土壤中这三类物质互相联系、互相制约，为作物提供必需的生活条件，是土壤肥力的物质基础。（李玲）

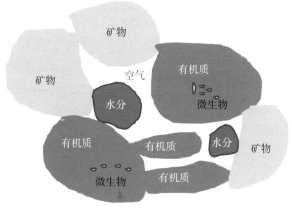

土壤的物质构成（绘图：李玲）

**5.** **土壤三相比有什么意义？**

　　土壤三相比是指土壤固相、液相、气相的容积百分比。土壤三相的不同分配和比率，影响土壤的通气、透水、供水、保水等物理性质，同时影响土壤的pH、阳离子交换量、盐基饱和度等化学性质，因此土壤三相比是评价土壤水、肥、气、热相互关系的重要参数，是决定土壤的肥沃性与作物生长的关键。多数旱地适宜的土壤三相比为固相：液相：气相=50%：（25%～30%）：
（15%～25%）。（李玲、徐明岗）

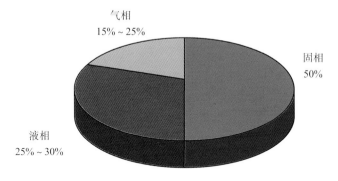

理想土壤的三相比示意图（绘图：李玲）

## 6. 土壤有机质从哪里来？在土壤中起哪些作用？

　　土壤有机质是存在于土壤中比较稳定的有机物质总称，主要
是富里酸、胡敏酸和胡敏素等腐殖物质。主要来源于动植物及微
生物残体及其排泄和分泌物，这些物质经微生物分解后再合成为
更复杂的腐殖物质。

　　土壤有机质含量与土壤养分供应、土壤结构及生态环境功能
等密切相关，是土壤肥力水平的一项重要指标。第一，土壤有机
质能够直接或间接地为植物提供所需的养分，促进作物的生长发
育；第二，土壤有机质能够涵养和固持更多的水分和营养物质，
起到保水保肥的功能；第三，土壤有机质具有特殊结构，能够促
进土壤团粒结构（土壤中的小土团）和土壤孔隙的形成，使土壤
透水透气，有利于植物根系对水分和养分吸收；第四，有机质还
能够为土壤微生物提供能量，提高土壤的生物活性；第五，土壤
有机质还具有降低土壤中农药和重金属毒性的功能，维持土壤的
健康。另外，土壤中的有机质转化过程（二氧化碳的释放和固

定）与全球气候变化也有密切关系。（张文菊）

土壤有机质的来源示意图（照片组合：张文菊）

## 7. 如何提高土壤有机质含量?

　　土壤有机质含量取决于有机物质（植物枯枝落叶、根茬、有机肥等）输入量与有机质分解之间的动态平衡。相同地区草地和森林土壤有机质高于农田土壤。目前我国农田由于长期集约化利用，以及化学肥料施用比重大，导致部分地区土壤有机质含量显著降低。

　　提高土壤有机质含量的方法有很多：第一，施用厩肥等农家肥，"牛粪凉来马粪热，羊粪啥地都不错"，这充分反映了有机肥的施用及作用。第二，种植绿肥，即是把植物的绿色残体翻埋进土壤。绿肥可为土壤提供丰富的有机质和氮素，改善农业生态环境及土壤的理化性状。第三，秸秆还田（"直接"或者"间接"），把作物的秸秆切碎，然后直接翻入土壤中，由于秸秆含碳量太高，应补充一些氮素，有利于土壤微生物的分解。还有一些办法，如免耕、旱地改水田及不同作物轮作等。但要做到因地制宜，例如在南方的平原地区，可以进行免耕和秸秆还田，在山区可以综合发展草业和牧业等。（张文菊、徐明岗）

施用有机肥、秸秆还田和轮作等措施提高土壤有机质（照片：陈延华）

## 8. 土壤矿物主要有哪些?

　　土壤矿物是土壤的主要组成物质，是土壤矿物质营养元素尤其是微量营养元素的主要来源。土壤矿物种类很多，主要是硅酸盐类矿物，按其来源可分为原生矿物和次生矿物，原生矿物是来源于成土母质的矿物，主要分布在沙粒和粉粒中，常见的有石英、长石、白云母等；次生矿物也称黏土矿物，是原生矿物经过风化作用，重新合成的矿物，主要有铁铝氧化物、高岭石、蒙脱石、伊利石等，颗粒比较小，具有巨大的表面积，而且带有负电

第一部分　土壤基础知识

荷铁铝氧化物还带有正电荷，具有较强的吸附作用，与土壤养分离子的吸附固定等密切相关。（张文菊、徐明岗）

## 9. 什么是有机土壤？什么是矿质土壤？

有机质含量的多少是衡量土壤肥力高低的一个重要指标。一般把0～20厘米深的土层含有机质20%以上的土壤，称为有机土壤，也就是群众所说的"油土"。与有机土壤相比较，一般把0～20厘米深的土层含有机质20%以下的土壤，称为矿质土壤，而其土壤特性主要由所含矿物类型决定。有机土壤与矿质土壤最直观的差异是颜色，有机土壤颜色通常呈黑色，矿质土壤通常呈现浅色或者其他颜色。具体的颜色是由土壤中所含的具体矿物质所决定的。例如：东北地区土壤有机质含量高，呈黑色；南方含铁高的土壤呈红色。（张文菊）

## 10. 东北土壤矿物组成有什么特点？

我国东北土壤类型主要是黑土、黑钙土，即通常所说的"黑土地"。主要的矿物组成以蒙脱石组为主，主要矿物种类有蒙脱石、拜来石、皂石等，其他矿物组成较少。蒙脱石是一种层状结构的硅酸盐黏土矿物，属于2∶1型，具备一些独特的物理化学性质。第一，蒙脱石的离子交换性能比较强，可以与土壤中的物质进行高效率的交换；第二，蒙脱石有很强的胀缩性，所以能够固定土壤中水分，使土壤具有较高的保水性；第三，蒙脱石有比较强的吸附功能，既能够吸附土壤中的营养物质，防止其流失，又能够吸附重金属等有害物质，促进土壤的健康。但同时，蒙脱石的黏结性、黏着性和吸湿性也比较明显，对耕作不利。（张文菊）

8

以蒙脱石、拜来石等为主要黏土矿物，富含有机质的黑土（摄影：徐明岗）

## 11. 西北土壤矿物组成有什么特点？

我国西北地区主要土壤类型为栗钙土、棕钙土及荒漠土，其形成的主导因素是水热条件对母质的直接作用。主要矿物组成以水化云母组为主，主要矿物种类以伊利石为主，也含有少量的蒙脱石、绿泥石及其他矿物组分。水化云母组又称非膨胀性矿物，具有以下特征：第一，伊利石由于矿物层间吸附钾离子，从而对相邻两层间产生很强的键连效果，因此具有很强的非胀缩性及富集钾作用。第二，伊利石有很强的胶体特性，其可塑性、黏着性及吸湿性比较差，因此土壤的保肥保水的效果较差，不利于作物的生长。（张文菊）

## 12. 华北土壤矿物组成有什么特点？

我国华北地区土壤类型主要以潮土、褐土和黄土为主，矿物组成以蛭石为主，具有以下特征：第一，蛭石可用作土壤改良剂，由于其具有良好的阳离子交换性和吸附性，可改善土壤的结构，贮水保墒，提高土壤的透气性和含水性，使酸性土壤变为中性土壤。第二，蛭石还可以起到缓冲作用，阻碍pH的迅速变化，使肥料在作物生长介质中缓慢释放，且允许稍过量地使用肥料而对植物没有危害。第三，蛭石的吸水性、阳离子交换性及化学成分特性，使其起着保肥、保水、贮水、透气和矿物肥料等多重作用。（张文菊、徐明岗）

## 13. 南方土壤矿物组成有什么特点？

我国南方热带和亚热带地区主要土壤类型为红壤、砖红壤及赤红壤，主要的矿物组成是以高岭组为主，主要矿物种类包括高岭石、珍珠陶土及叙永石等。高岭石黏土又称"高岭土"，

以高岭石等为主要黏土矿物，富含铁铝氧化物的红壤（摄影：徐明岗）

俗称"瓷土"。首先发现于中国江西景德镇附近的"高岭"地方，由含量90%以上的高岭石组成。具有以下特点：第一，高岭石黏土的电荷数量较少，离子交换性能比较弱，与土壤中的物质进行交换较低，不利于吸附土壤中的营养物质。第二，高岭石黏土具有非胀缩性，由于其非胀缩性是由于层间产生的氢键，因此，其固定土壤中水分的能力较弱，不利于土壤的保水性。第三，高岭石在一定的酸性条件下向外解离氢离子，从而带有阴电荷，对阳离子具有一定的吸附能力，但吸附能力较弱。（张文菊、徐明岗）

## 14. 什么是土壤颗粒组成？

构成土壤固相的物质叫土壤颗粒。一般来说，矿质部分占土壤固相重量的95%以上，有的高达99%。土壤颗粒按其粒径大小分为石砾、沙粒、粉粒、黏粒四级。土壤颗粒组成是指土壤中各粒

土壤组成示意图（绘图：段英华）

第一部分 土壤基础知识

级所占的百分含量。土壤颗粒起着支撑植物生长的作用，其粒径大小、组合比例与排列状况直接影响土壤的基本性状。我国农民很早就知道把土粒区分为泥和沙。它们的区别，首先在于粗细不同；其次在性质上也不一样。泥是细腻的，湿时黏滑，干时结块坚硬；而沙则是粗糙的，常松散成单粒，几乎没有黏结性，又无可塑性。由此可见，土壤颗粒的粗细对土壤性质有明显的影响。土壤颗粒组成基本相似的土壤，常常具有类似的肥力特征。（张藕珠）

## 15. 什么是土壤团聚体？

12

土壤团聚体指土粒通过有机及矿质物质的胶结作用、反负荷离子的凝聚作用、土壤耕作及干湿交替等的团聚作用而形成的直径为0.25～10毫米的团聚状结构单位（小团块和团粒）。土壤团聚体按其粒径大小分为：大团聚体，直径>0.25毫米的团聚状结构单位；微团聚体，直径<0.25毫米的团聚状结构单位。按其抗力性又可分为：稳定性团聚体，抗外力分散的土壤团聚体；水稳性团聚体，抗水力分散的土壤团聚体；非稳定性团聚体，外力易分散的土壤团聚体。

土壤团聚体是良好的土壤结构体，具有水气协调土温稳定、保肥供肥性能良好、土质疏松、耕性质量优良等特点。团聚体内部以持水孔隙占绝对优势，而团聚体之间是充气孔隙，这种孔隙状况为土壤水、肥、气、热的协调创造了良好的条件。团聚体间的充气孔隙，可以通气透水，在降水或灌水时，水分通过充气孔隙，进入土层，减少了地表径流；团聚体内部的持水孔隙水多空气少，既可以保存随水进入团聚体的水溶性养分，又适宜于嫌气性微生物的活动，保肥供肥性能良好。团聚体的土壤土质疏松，易于耕作，宜耕期长，耕作质量好，种子易于发芽出土，根系易于伸展。总之，团聚体的土壤水、肥、气、热协调，肥力状况良好。所以一般都认为，团聚体多是土壤肥沃的标志之一。

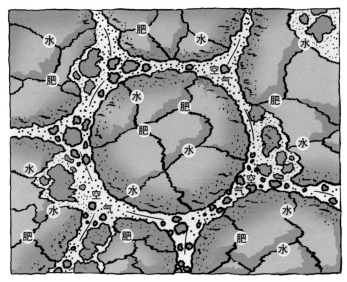

土壤团聚体示意图（绘图：潘伟、张藕珠）

## 16. 什么是土壤容重？

单位容积土壤（包括孔隙）的质量，叫做土壤容重，单位为克/厘米$^3$。土壤的质量是指在105～110℃条件下的土壤烘干重。土壤容重的数值大小，受质地、结构性和松紧度等的影响而变化。一般来说，沙土的孔隙粗大，但数目较少，总的孔隙容积较小，容重较大；反之，黏土的孔隙容积较大，容重较小；壤土的情况，介于两者之间。但是，如果壤土和黏土的团聚化良好，形成具有多级孔隙的团粒，则孔隙度显著增大，容重则相应地减少。土壤越疏松（特别是翻耕后），或是土壤中有大量的根孔、小动物穴或裂隙，则孔度大而容重小；反之，土壤越紧实则容重越大。所以，表土层（或耕层）的容重往往比心土层和底土层小。

一般来说，沙质土壤的容重变化于1.2～1.8克/厘米³，黏质土壤的容重变化于1.0～1.5克/厘米³；耕地土壤的耕层土壤容重变化于1.05～1.35克/厘米³，耕地土壤的底土和紧实的耕层土壤容重变化于1.55～1.80克/厘米³。

土壤容重是影响作物生长的十分重要的基本数据。容重小，表明土壤疏松多孔，结构性良好，适宜作物生长；反之，容重大，则表明土壤紧实板硬、缺少团粒结构，对作物生长有不良影响。一般来说，旱作土壤的耕层容重在1.1～1.3克/厘米³的范围内，能适应多种作物生长发育的要求。对于沙质土壤适宜的容重值宜高些，而对富含腐殖质的土壤则可适当低一些。（张藕珠）

我的土壤颗粒间有孔隙

土壤容重示意图（绘图：段英华）

## 17. 什么是土壤比重？

单位容积的固体土粒（不包括粒间孔隙）的重量，叫做土粒密度或土壤密度，单位是克/厘米³。土粒密度与水的密度之比，叫做土粒比重或土壤比重，无量纲。由于水的密度为1克/厘米³，所以土壤密度和土壤比重的数值相等。土壤比重值的大小，主要决定于它的矿物组成，土壤有机质含量对其有一定影响。多数土壤矿物的比重为2.6～2.7，所以土壤比重常取平均值2.65。一般土壤有机质的比重为1.25～1.4，故土壤中有机质含量越高，它的比重越小。一般有机质富集在表层，越深的土层它的含量越少，所以土壤的比重，在一定范围内，往往随土层深度的增加而增加。（张藕珠）

我的土壤颗粒间没有孔隙

土壤比重示意图（绘图：段英华）

## 18. 什么是土壤孔隙？

土壤孔隙是土壤容纳水分和空气的空间。土壤的孔隙容积越多，水分和空气的容量就越大。土壤的孔隙有大有小，大的可通气，小的可蓄水。所以，为了满足作物对水分和空气的需要，一是要求土壤中孔隙的容积较多，二是要求大小孔隙的搭配分布较为适当。

土壤孔隙是土壤的一项重要物理性质，它对土壤肥力有多方面的影响。孔隙良好的土壤能够同时满足作物对水分和空气的要求，有利于养分状况的调节，有利于根系的伸展和活动。土壤的孔隙如何，决定于土壤质地、有机质含量、松紧度和结构性。调

节土壤的孔性和结构性，使之有利于土壤肥力的发挥和作物的生长发育，是土壤耕作管理者的任务之一。（张藕珠、徐明岗）

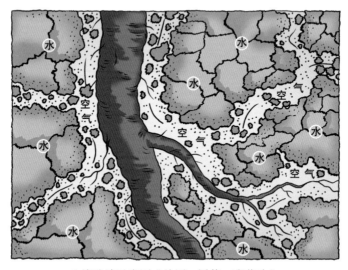

土壤孔隙示意图（绘图：潘伟、张藕珠）

### 19. 如何判别土壤孔隙？

土壤中的孔隙复杂多样，从极微细的小孔到粗大的裂隙，从树枝状、网状到念珠状、管状以及各种不规则的性状都有，通常用土壤孔度判别土壤孔隙。土壤孔度是土壤中孔隙的容积占整个土壤容积的百分数。然而，要直接观察并测量土壤孔度是非常困难的，通常是通过土壤比重和容重来计算土壤孔度。

土壤孔度=1-（土壤容重/土壤比重）

一般来说，适宜于作物生长的土壤孔性指标如下：耕层的孔度为50%～56%，通气孔度在8%以上，如能达到15%～20%则更好。在土体内的孔隙垂直分布应为"上虚下实"。即：在30厘米左右的耕层中，上部（0～15厘米）的孔度为55%左右，通气孔隙达15%~20%；下部（15~30厘米）的孔度和空气孔隙最好分别为50%和10%左右。"上虚"有利于通气透水和种子的发芽、破土；"下实"则有利于保水和扎稳根系。（张藕珠、徐明岗）

土壤孔隙计算示意图（绘图：邸佳颖）

## 20. 如何在田间快速判断土壤的孔隙状况？

土壤孔隙度会影响土壤空气和水分的运动，尤其是大孔隙度（或大孔径）的影响更为明显。良好的土壤结构团聚体之间具有较高的孔隙度，利于水分和气体运动、养分的运输等。结构较差的土壤，水分运移受到限制，透气性较差。在田间观测时，可以挖开一个坑，从坑的侧面铲一块的土壤（约10厘米宽、15厘米长、20厘米高），然后把它掰成两半，通过比较下图中的3张照片，检查裸露在样品表面上的土壤孔隙度，在土壤团聚体和土块之间寻找空间、间隙、洞口、裂缝和裂纹等，判断土壤孔隙度的状况。（付海美）

| 良好 | 中等 | 差 |
|---|---|---|
| 团聚体间和团聚体内有很多大孔隙，并且具有良好的土壤结构 | 土壤团聚体中和团聚体间的大孔隙明显减少，但仔细检查土块仍能发现大孔隙的存在，说明出现了中等程度的压实 | 压实土壤中观察不到大孔隙，有大量的无定形土块，土块表面光滑没有裂缝或洞，且有棱角 |

## 21. 土壤中的水分作物都能够"喝"吗？

土壤水分按其所受力作用的不同可以分为：吸附水、毛管水和重力水。能被作物吸收利用的土壤水称为有效水。土壤有效水的上限一般认为是田间持水量，即土壤毛管悬着水达到最多时的土壤含水量；土壤有效水的下限为土壤萎蔫系数，即当植物根系无法吸水而发生永久萎蔫时的土壤含水量。总体来看，由于重力水容易流失，而吸附水受土壤的吸力较大不易与土壤脱离，故土壤有效水主要是毛管水。也就是说，只有毛管水作物才能够"喝"。土壤有效含水量受多种因素的影响，提高土壤有效含水

量的重要措施是施用有机肥料，提高土壤有机质含量，增加土壤团粒结构。（张藕珠）

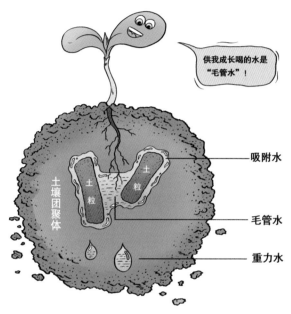

土壤水分形态示意图（绘图：徐明岗、潘伟）

## 22. 土壤会呼吸吗？

土壤是有生命的，它同样也要进行呼吸以进行自身的新陈代谢。土壤呼吸是指土壤产生并向大气释放二氧化碳的过程，严格意义上讲是指未扰动土壤中产生二氧化碳的所有代谢作用，包括三个生物学过程（即土壤微生物呼吸、根系呼吸、土壤动物呼吸）和一个非生物学过程，即含碳矿物质的化学氧化作用。土壤呼吸是调控地球系统碳循环和气候变化的关键过程。（李玲）

## 23. 什么是土壤结构体？

　　土壤含有很多种固体物质，主要是黏粒、粉沙粒和沙粒等矿物质，此外还有少量的有机物质以及细菌、真菌、放线菌等微生物，这些物质并非单独存在，一般在物理、化学和生物学等多种因素综合作用下，以不同的比例和多种复杂的方式结合在一起，形成具有一定形状的物体，这就是土壤结构体，这种土壤就是有结构的土壤。极少数土壤，如沙土，固体物质单独存在，很少结合在一起，称为无结构的土壤。根据结构体的形状分为块状（包括团粒）、片状和柱状三大类型：块状结构体包括团粒状结构体，一般存在于表层土壤；片状结构体出现在土表和犁底层；柱状结构体存在于底层土壤。

　　土壤结构体是土壤肥力的基础，不同的土壤结构体，其大小、稳定性及肥力特性差异很大。团粒状结构体大多疏松多孔，固相、液相和气相的比例比较合理；而片状和柱状结构体大多致

常见的土壤结构体（绘图：林启美）

密，液相和气相的比例较低。耕层土壤结构体直接影响土壤肥力和植物生长发育，目前可采用多种技术和方法改良和培育良好的土壤结构体，主要包括精耕细作、施用有机肥料、合理轮作，甚至施用土壤结构改良剂。（林启美）

## 24. 如何培育良好的土壤团粒结构？

团粒结构是土壤结构体的一种类型，也称为团聚体，一般是土壤矿物质颗粒经过多级或多次团聚作用而形成的结构体。团粒结构体的胶结物质，主要是腐殖质、多糖、蛋白质等有机物质，以及菌丝、细胞和植物根系等，有比较好的水稳定性。具有团粒结构的土壤，其固相、液相和气相的比例比较合理，孔隙度占50%左右，其中大孔隙占20%左右。因此，一般将直径为0.25～10毫米水稳性团粒含量，作为判别土壤结构优劣的指标，也可作为土壤肥力的评价指标。一般来说，土壤团粒含量越高，土壤结构越稳定，水肥气热状况越好，肥力也就越高。

培育土壤团粒结构的方法有很多，常用的方法主要包括：①施用有机肥料，增加土壤有机胶结物质，促进土壤颗粒团聚；

团粒结构土壤，有机质含量比较高，　　　块状结构土壤，有机质含量比较低，
蚯蚓较多　　　　　　　　　　　　　　土壤板结
良好结构（左）与不良结构土壤（右）的差异（照片：林启美）

②施用土壤结构改良剂或调理剂，土壤结构改良剂类型很多，主要是天然提取和人工合成的高分子物质，其作用类似土壤腐殖质；③合理轮作换茬，减少土壤有机物质分解，增加土壤有机物质含量；④合理施肥灌溉，调整离子平衡，促进土壤颗粒团聚，增加有机物质含量，促进植物生长；⑤精耕细作，破碎大土块，促进颗粒多次团聚，形成稳定的大团聚体。（林启美）

## 25. 如何在田间判断土壤结构的一致性？

良好的土壤结构对作物生长至关重要。它调节土壤通气性、水的运动和储存、土壤温度、根的渗透和发育、养分循环及抵抗结构退化和侵蚀；它也能够促进种子萌发和出苗、提高作物产量和品质。

在田间观测土壤结构的一致性时，需选择土壤未扰动时期，

| 良好 | 中等 | 差 |
|---|---|---|
| 具有良好的细小团聚体分布，没有明显的土块 | 包含很大比例的粗糙坚固的土块和易碎的细小的团聚体 | 土壤由极其粗糙、很坚固的土块和很少的细团聚体组成 |

去除表层0～5厘米的含有较多根系的土层。用土铲挖出一个20厘米×20厘米×20厘米的立方体表层土体，装进塑料盆，然后将土块从一米高（齐腰高）的地方自然下降到坚固的地面上。如果大土块在第一次或第二次就破碎，再自然下降1～2次。如果大土块在第一次或第二次碎成小单元，就不需要再次自然下降了。任何一块土壤自然下降不要超过3次。沿着任何暴露的裂缝面或裂纹用手将每一土块自然掰开。将土壤转移到大塑料袋中。最后找到一块平地，将最粗的部分放到一端，最细的放到另一端。这就提供了一种衡量团聚体粒径分布的方法，从而判断土壤结构的一致性。从下图中3张照片的团聚体分布结果可以大致判断土壤结构一致性的好坏。（付海美）

结构中等，吉林公主岭黑土秸秆还田（摄影：邸佳颖、付海美）

## 26. 如何在田间做土壤的湿化稳定性检测?

湿化分解是指大块风干土壤块体（>2毫米）突然被水浸没，然后崩解为小的土壤块体（<0.25毫米）的过程。湿化分解可以指示土壤团聚体的稳定性和对侵蚀的抵抗能力，同时表明土壤在迅速浸湿时如何维持结构，为植物和土壤生物群提供水和空气。稳定性高的土壤表明有机物料等胶结剂能促使土壤颗粒结合，并能使微小的土壤团聚体变为大的、稳定的土壤团聚体。团聚体稳定性和湿化稳定性均较差的土壤会导致分离的土壤颗粒沉降到土壤孔隙，并导致团聚体表面密封，减少水分的渗透和植物可利用的水分含量，同时还会增加径流和侵蚀。

在田间挑选3块直径在4～6厘米的风干土块碎块放置在1厘米直径的网格中，并放置于盛水的玻璃瓶中5～10分钟，观察土块碎块程度。参照下图来确定土壤的湿化稳定性级别。（付海美）

| 良好 | 中等 | 差 |
|---|---|---|
| 土壤结构没有变化，保留在网格内，水是清澈的 | 土块破碎，但仍然有一部分土块留在网格中 | 土块完全崩解，分散成细小的沙粒 |

湿化稳定性良好（湖南望城水田，摄影：邸佳颖、付海美）

单施化肥（中等）　　　　　　　　免耕（差）

秸秆还田（良好）

吉林公主岭黑土不同管理措施土壤湿化检测（摄影：邸佳颖、付海美）

## 27. 什么是土壤质地？

土壤的主要组成是黏粒、粉粒和沙粒等矿物质颗粒，不同土壤其矿物质颗粒组成比例差异很大，就构成不同质地的土壤。因此，土壤质地是指土壤中不同大小矿物颗粒的组合状况，也叫土壤机械组成。我国划分出沙土、壤土和黏土3大类11级土壤质地，其中，沙土的沙粒含量一般超过50%，壤土的粉粒含量>40%，黏土的黏粒含量>30%。此外，如果石砾含量1%~10%时为少砾质土壤，大于10%为多砾质土壤。

土壤质地是土壤肥力的基础，不同质地的土壤，不仅矿物质种类和含量不同，矿质养分种类和含量存在差异，而且土壤的通气性、保肥保水及耕作性能等差异也很大。土壤质地主要取决于成土母质，是经过漫长的成土过程形成的，改良土壤质地十分困难，常用的"客土"法成本很高，因此，应因地制宜地利用不同质地的土壤。（林启美）

黏土壤适宜种植小麦等禾谷类作物　　沙土适宜种植土豆等块根块茎类作物

不同质地土壤适宜种植不同的作物（照片：林启美）

**在田间如何甄别土壤质地？**

　　质地是土壤质量最重要的基础指标之一，及时掌握土壤质地，是因地制宜地科学地耕作栽培的基本环节。测定土壤质地，需要用特殊的仪器设备，但也可用感官的方法，在田间快速粗略地了解土壤质地。基础操作步骤为：取少量土壤，加少量水，根据手感、成团或条状的难易程度及稳定性等，粗略地判别土壤质地。沙土大多有明显的沙粒，干时抓在手中，稍松开后即散落；湿时可捏成团，但一碰即散。沙壤土干时手握成团，但极易散落；润时握成团后，用手小心拿不会散开。壤土干时手握成团，用手小心拿不会散开；润时手握成团后，一般性触动不至散开。粉壤土干时成块，但易弄碎；湿时成团或为塑性胶泥，以拇指与食指搓捻不成条，呈断裂状。黏壤土湿时可用拇指与食指搓捻成条，但往往受不住自身重量。黏土干时常为坚硬的土块，润时极可塑，通常有黏着性，手指间搓捻成长的可塑土条。（林启美）

田间手感测定土壤质地（照片：林启美）

## 29. 黏质土壤如何科学的利用？

黏质土壤是指黏粒含量占土壤矿物质颗粒30%以上的土壤，包括轻黏土、中黏土、重黏土和极重黏土，极重黏土的黏粒含量超过60%。黏质土壤含有比较多的铁铝水化氧化物、高岭石、蒙脱石等次生黏土矿物，一般具有比较大的表面积和负电荷，具有比较强的吸持水分和养分离子能力，保水、保肥性好，矿质养分含量比较丰富。但是，黏质土壤的结构常常比较差，尤其是有机质含量比较低的黏质土壤，干时成块且坚硬，湿时成浆，通气孔隙很少，通透性差，耕作比较困难，耕作质量不高。有机物质分解比较慢，含量一般比沙质土壤高。施肥的肥效慢，但稳定且持久，发老苗不发小苗，作物后期易出现徒长、贪青晚熟。适宜种植小麦、玉米、水稻等禾谷类作物，因为这些作物生育期比较长，需要的养分比较多，也需要"稳固"的扎根土壤条件。

有机质含量低的黏质红壤经常形成大的土块（照片：林启美）

过度黏质的土壤显然不利于作物生长，需要进行改良，常用的方法包括：①客土法：根据黏粒含量，掺入一定量河沙或沙土；②深翻法：通过深耕的方法，将底层沙质土壤翻上来，与表层黏质土壤混合；③施用珍珠岩、膨化页岩、岩棉、陶粒、浮石、硅藻土等矿物质沙粒；④施用有机肥料和土壤调理剂，促进土壤颗粒团聚作用，形成稳定的大团聚体。（林启美）

## 30. 沙质土壤如何科学的利用？

沙质土是指沙粒含量占土壤矿物质颗粒50%以上的土壤，包括轻沙土、中沙土、重沙土和极重沙土，极重沙土的沙土含量超过80%。沙质土壤的沙粒主要成分是石英，矿质养分含量很低，土壤的吸附性低，保水保肥能力很弱；但是，沙质土壤大孔隙多，通气性和透水性好，耕作比较容易。有机物质分解快，含量比较低；施肥的肥效快，但时间短，发小苗不发老苗，作物中后期容易脱肥、早熟、早衰。因此，在施肥和灌溉上，需要"少量多

宁夏沙质土壤种植优质西瓜（摄影：任图生）

餐"，适宜种植花生、土豆、薯类等块根和块茎类作物，因为这些作物需要比较疏松的土壤环境，以利块根、块茎膨大；此外，这类土壤的昼夜温差大，有利于碳水化合物的累积，提高块根、块茎的质量，也利于种植优质的西瓜。

过沙的土壤也不利于作物生长，常用的改良措施包括：①客土法：掺入一定量的黏土、河泥、塘泥等；②耕作法：通过深耕，将底层黏质土壤翻上来，与表层沙质土壤混合；③施用有机肥料，加快矿化风化，促进土壤颗粒团聚作用。

（林启美）

## 31. 土壤的"体温"是由什么决定的？

土壤"体温"即土壤温度，是土壤热状况的体现，是土壤肥力要素之一。土壤"体温"大小受土壤吸收到的热量和土壤热特性的影响。土壤吸收的热量主要来源于太阳辐射能，土壤微生物活动产生的生物热、土壤内各种生化反应产生的化学热和来自地球内部的地热，也能不同程度地增加土壤热量。除受到外部热量条件影响外，土壤"体温"状况还决定于其热特性，土壤热特性包括土壤热容量和土壤导热性能及土壤的热扩散率，决定土壤热特性大小的因素主要是土壤固、液、气三相物质组成的比例。

土壤体温对土壤中的许多理化性质都起到一定作用，强烈影响着生物过程，如种子萌发、幼苗出土和生长、根系发育和微生物活动等。地膜覆盖能明显增加太阳辐射的热量吸收、防治土壤水分蒸发及其热量散失，因而能明显提升早春土壤温度和旱地土壤水分利用效率，从而显著增加作物产量。地膜覆盖已经成为北方特别是西北旱地作物高产大面积应用的新技术。

（邸佳颖）

甘肃旱地大面积推广应用地膜覆盖技术（摄影：徐明岗）

## 32. 为什么有些土壤为"冷性土"，而有些土壤为"热性土"？

　　所谓的冷性土和热性土，是指在一定时间里，接收相同热量时，如相同的太阳辐射，土壤温度升高幅度的差异，冷性土温度升高的幅度较小，而热性土温度升高的幅度较大。土壤的"冷"与"热"的性质，主要取决于土壤固、液、气三相的组成及比例，即取决于矿物质和有机质的组成与含量，以及土壤湿度、颜色等因素。一般说来，黏粒含量较高的黏质土壤，湿润的土壤，颜色浅的土壤，有机质含量低的土壤，升温与降温都较慢且幅度较小，昼夜温差小；反之，沙粒含量较高的沙质土壤，干燥的土壤，升温与降温都较快且幅度大，昼夜温差大。需要注意的是，有机质含量较高的土壤、颜色深的土壤，升温较快、幅度较大，但降温较慢，具有"保暖"的作用。因此，一般将黏质土壤视为冷性土，而沙质土壤视为热性土。显然，冷性土适宜种植禾谷类作物，但要加强土壤水分管理，注意防范早春的冷害。热性土适宜种植花生、棉花、瓜类、块茎、块根等喜温作物，但要防范秋季的霜冻危害。目前有很多措施，如地膜覆盖，提高土壤温度；

夏季秸秆覆盖，降低土壤温度等。（林启美）

地膜覆盖栽培技术在西北旱地大面积应用（照片：陈延华）

## 33. 什么是土壤pH？

土壤pH代表着与土壤固相处于平衡的土壤溶液中$H^+$活度的负对数值，$pH=-log[H^+]$，是用来反映土壤酸碱度的强度指标。土壤pH的表示方法有两种，$pH_{H_2O}$和$pH_{KCl}$，前者代表水浸提所得的$H^+$活度，后者代表1摩尔KCl溶液浸提所得$H^+$活度。

我国土壤水浸液的土壤pH一般在4～9，呈南酸北碱的分布特点。长江以南土壤多为酸性土壤，长江以北的土壤多为中性和碱性土壤。

土壤胶体上吸附的交换性阳离子可分为致酸离子和盐基离子两类。致酸离子有$H^+$和$Al^{3+}$，盐基离子有$K^+$、$Na^+$、$Ca^{2+}$、$Mg^{2+}$、$NH_4^+$。土壤盐基离子量状态常用盐基饱和度来反映，指交换性盐基离子占阳离子交换量的百分数。盐基不饱和的土壤呈酸性，盐基饱和的土壤一般呈中性或碱性。

我国土壤的酸碱度分为五级：pH<5.0，强酸性；pH 5.0～6.5，酸性；pH 6.5～7.5，中性；pH 7.5～8.5，碱性；pH>8.5，强碱性。（程道全、徐明岗）

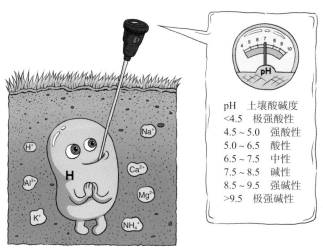

| pH | 土壤酸碱度 |
|---|---|
| <4.5 | 极强酸性 |
| 4.5～5.0 | 强酸性 |
| 5.0～6.5 | 酸性 |
| 6.5～7.5 | 中性 |
| 7.5～8.5 | 碱性 |
| 8.5～9.5 | 强碱性 |
| >9.5 | 极强碱性 |

土壤pH与土壤酸碱性示意图（绘图：潘伟、段英华）

## 34. 土壤pH对养分有效性有什么影响？

$H^+$和$OH^-$参与土壤几乎所有的化学与生物化学反应，如溶解与沉淀、水解、氧化还原、酶解等过程，直接影响矿物风化、有机物质矿化和腐殖质化等过程，对土壤许多养分离子的形态产生重大的影响。

在pH 6～7的微酸条件下，土壤养分的有效性最好，最有利于植物生长。在酸性土壤中容易引起钾、钙、镁、磷等元素的短缺，而在强碱性土壤中容易引起铁、硼、铜、锰和锌的短缺。土壤酸碱度还通过影响微生物的活动而影响植物的生长。酸性土壤一般不利于细菌的活动，根瘤菌、褐色固氮菌、氨化细菌和硝化细菌大多生长在中性土壤中，它们在酸性土壤中难以生存，很多豆科植物的根瘤常因土壤酸度的增加而死亡。（程道全）

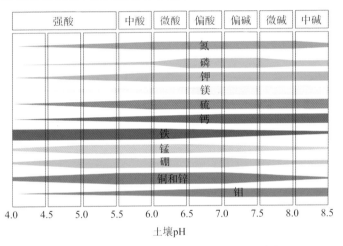

不同pH下的养分有效性示意图（绘图：程道全）

## 35. 如何调节土壤的pH?

依照土壤pH，可将土壤划分为酸土和碱土。酸土是土壤中盐基饱和度低，$H^+$和（或）$Al^{3+}$占有较高比例。碱土不仅pH较高，呈强碱性反应（pH 8.5～11），而且土壤胶体中含交换性钠较多，其中碱化度在5%～10%为轻度碱化土壤，10%～15%为中度碱化土壤，15%～20%为重度碱化土壤。

酸性土壤需要通过提高盐基离子饱和度，将pH调节到中性或近中性。实践中，调节酸性土壤的主要方法就是施石灰（生石灰、熟石灰、石灰粉），也可施草木灰、碱性土壤调理剂等，其基本原理就是提高土壤盐基离子饱和度，降低土壤胶体上代换性 $H^+$ 和（或） $Al^{3+}$。土壤酸性过大，可每年每亩*施入20～25千克的石灰，且施足农家肥，切忌只施石灰不施农家肥，否则土壤会变黄变瘦。也可施草木灰40～50千克，中和土壤酸性，更好地调节土壤的水、肥状况。

降低碱土的土壤pH，就是降低土壤胶体上代换性 $Na^+$ 含量。通常采用下列改良措施：①施用石膏、磷石膏和氯化钙等物质，作用是以其中的钙离子交换出碱土胶体中的钠离子，使之随雨水和灌溉水排出土壤；②施用硫黄、硫酸亚铁等酸性物质，作用是中和土壤酸度，活化土壤中的钙，降低土壤溶液中毒性较大的碳酸钠盐类的浓度和提高某些矿质营养元素对植物的有效性。但必须与水利措施（灌水、排水）和农业措施（深耕、客土、施用有机肥料等）相配合方能奏效。（程道全）

改良土壤pH的措施示意图（绘图：段英华）

---

* 亩为非法定计量单位，1亩=1/15公顷，下同。——编者注

## 36. 什么是阳离子交换量?

　　土壤阳离子交换量是指土壤所吸附的能够被交换性的各种阳离子总量，主要是$H^+$、$Al^{3+}$、$K^+$、$Na^+$、$Ca^{2+}$、$Mg^{2+}$、$NH_4^+$，用每千克土壤一价阳离子的厘摩尔数表示，英文简写为CEC。其中$H^+$和$Al^{3+}$使土壤呈酸性，故称为致酸离子；其他离子使土壤呈碱性，故称为盐基离子。

　　不同土壤的阳离子交换量不同，主要影响因素有土壤胶体类型、土壤质地、黏土矿物的$SiO_2/R_2O_3$和土壤pH。例如，不同胶体的阳离子交换量为：有机胶体>蒙脱石>水化云母>高岭石>含水氧

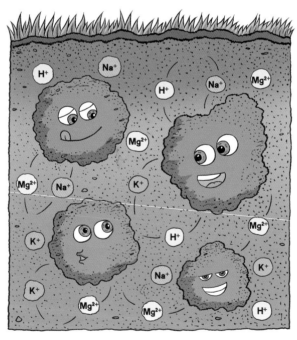

土壤胶体吸附和交换阳离子示意图（绘图：程道全）

化铁、铝。土壤质地越细，其阳离子交换量越高。土壤黏土矿物的$SiO_2/R_2O_3$比率越高，其交换量就越大。土壤胶体微粒表面的羟基（—OH）的解离受介质pH的影响，当介质pH降低时，土壤胶体微粒表面负电荷也减少，其阳离子交换量也降低；反之就增大。（程道全）

## 37. 阳离子交换量有什么作用？

土壤阳离子交换量影响土壤缓冲能力，是评价土壤保肥能力、改良土壤和合理施肥的重要依据。阳离子交换量是土壤缓冲性能的主要来源，阳离子交换量的大小，可作为评价土壤保肥能力的指标。土壤阳离子交换量高，说明土壤保肥性强，意味着土壤保持和供应植物所需养分的能力越强；反之说明土壤保肥性能差，土壤潜在养分供应能力很低。

阳离子交换量
<10厘摩尔/千克
保肥能力低的土壤

10～20厘摩尔/千克
保肥能力中等的土壤

>20厘摩尔/千克
保肥能力强的土壤

阳离子交换量评价土壤保肥能力示意图（绘图：程道全）

一般认为，阳离子交换量在20厘摩尔/千克以上，为保肥能力强的土壤；10～20厘摩尔/千克为保肥能力中等的土壤；<10厘摩尔/千克为保肥能力低的土壤。

在土壤胶体中，腐殖质的阳离子交换量最高，其后依次为蛭石、蒙脱石、伊利石、高岭石和氧化物。因此，腐殖质含量高的土壤保性能强，土壤肥沃。（程道全）

## 38. 为什么有些土壤呈酸性，而有些土壤呈碱性？

土壤的酸碱性是由土壤胶体上吸附的交换性阳离子的组成状态决定的。而土壤中阳离子的组成受气候、母质、生物、地形和时间的影响。我国土壤呈现南酸北碱的特征。

长江以南，气候高温多雨，土壤发育程度高，土壤中盐基离子淋溶程度深，除石灰岩上发育的土壤外，基本都呈酸性和强酸性。如：华南、西南地区的红壤、砖红壤和黄壤pH多在4.5～5.5，

我国土壤呈现南酸北碱的特征示意图（绘图：程道全）

华东、华中地区的红壤pH多在5.5～6.5。

长江以北，成土母质含盐基丰富，土壤盐基饱和度高，土壤多呈中性和碱性。在北方干旱地区，盐基离子不易淋失，且底层的盐基又随水分蒸发上升而累积在土壤表层中，使土壤偏碱性。

黄淮海平原地区潮土区，洼地边缘的缓坡中、下部，土壤水分活动十分频繁，雨季坡上雨水下渗部分沿坡向洼地汇聚；雨后洼地水分向坡地侧渗蒸发，致使坡地中下部水盐活动十分频繁，钙镁离子随排水淋失，钠离子浓度提高，土壤呈现碱化。

（程道全）

## 39. 为什么有些土壤"保肥"，而有些土壤"漏肥"？

所谓土壤的保肥性能，实质是土壤吸持和保存植物养分的能力。作物从土壤中吸收的养分主要是土壤中的无机态离子，如：$K^+$、$NH_4^+$、$NO_3^-$、$Ca^{2+}$等。化肥施入土壤后，也要转化为离子形态。土壤对离子形态养分的吸附与解吸能力，就是土壤的保肥能力，所以说，阳离子交换量的高低是衡量土壤保肥能力高低的指标。

土壤胶体的阳离子交换量高低为：有机胶体>蒙脱石>水化云母>高岭石>含水氧化铁、铝。因此，有机质含量高的土壤、矿物类型为蒙脱石的土壤，其保肥能力强，称为保肥土壤。而土壤矿物类型为高岭石、含水氧化铁的土壤，其阳离子交换量低，养分离子易随水淋失，称为漏肥土壤。

质地是影响土壤保肥能力的关键因素之一。沙质、壤质到黏质，其阳离子交换量由低到高，因此，一般来讲，其保肥能力也由低到强。所以，沙质土壤漏肥，而黏质土壤保肥。

黄淮海平原的潮土保肥与漏肥，不能仅看耕层质地，也受下层土壤质地的影响。耕层质地沙质，下层质地壤质到重壤质的，整体上通透性能和保肥能力均好，群众称之为"蒙金土"；反之，中下层质地为沙质的，质地构型为体沙、底沙的，整体上漏水漏肥，群众称之为"火龙地"。（程道全）

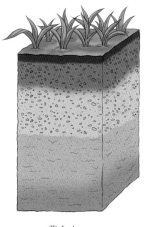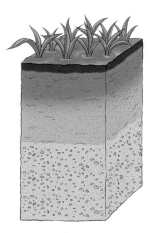

蒙金土　　　　　　　　　　　　火龙地

"蒙金土"与"火龙地"土体构成示意图（绘图：程道全）

## 40. 什么是土壤发生分类？

土壤分类是认识土壤的基础之一，是进行土壤评价、土地利用规划和因地制宜推广农业技术的依据，也是研究土壤的一种方法。随着土壤科学的发展，土壤分类也在不断前进，经"三派鼎立"阶段的土壤发生分类，现已跨入定量分类阶段。

土壤发生学认为土壤是生物、气候、母质、地形、时间等自然因素和人类活动综合作用下的产物，因此，它不是孤立存在的，而是与自然地理条件及其历史发展紧密联系的。成土因素的发展和变化制约着土壤的形成与演化。土壤发生分类是以土壤发生学为理论基础，以成土因素、成土过程和属性相结合作为依据的土壤分类。土壤发生分类是世界三大土壤分类派系之一，其在发展过程中又逐渐形成土壤地理发生学分类体系、成土过程发生分类体系和土壤历史发生学分类体系3个派系。根据此发生学分类，中国在1980年完成了第二次全国土壤普查，土壤分类级别为：土类、亚类、土属、亚属、土种、亚种、变种、土组和土相。

土壤发生分类是一种非定量化的土壤分类体系，有严密的发生学逻辑关系，但由于发生学理论并非对所有土壤都有普遍意义，从而造成根据成土条件或成土过程划分土壤的不确定性，掩盖了土壤本身属性的差异。因而应用该分类体系在野外鉴别土壤时存在许多困难。

根据席承藩主编的《中国土壤分类系统》，我国土壤类型主要有以下61种：冷漠土、冷钙土、寒冻土、寒原盐土、寒漠土、寒钙土、山地草甸土、新积土、暗棕壤、林灌草甸土、栗褐土、栗钙土、棕壤、棕漠土、棕色针叶林土、棕冷钙土、砖红壤、赤红壤、红壤、黄壤、黄棕壤、黄褐土、白浆土、褐土、灰褐土、黑土、灰色森林土、黑钙土、黑垆土、棕钙土、灰钙土、灰漠土、灰棕漠土、黄绵土、龟裂土、石灰（岩）土、紫色土、草甸土、砂姜黑土、潮土、沼泽土、泥炭土、漠境盐土、滨海盐土、水稻土、灌淤土、灌漠土、草毡土、黑毡土、碱土、盐土、风沙土、石质土、粗骨土、红毡土、燥红土、湖泊、盐壳、孤岛、冰川雪坡、裸岩。（沈重阳、王佳佳、黄元仿）

 **什么是土壤系统分类?**

土壤系统分类与联合国土壤图例单元（FAO/Unesco）、国际

第一部分 土壤基础知识

土壤分类参比基础（IRB）一道并称为国际影响最大的三大分类制，它以可测定的土壤性质为分类标准，以定量化的诊断层和诊断特征为依据进行土壤分类。传统的土壤分类虽有明确的中心概念，但缺乏量化的指标，边界常交叉，难以严格区分分类与分区，而土壤系统分类既遵循了土壤发生学思想，又将以往惯用的发生学土层和土壤特性给予了定量化，建立了一系列的定量化的诊断层和诊断特性，避免了中心与边界的重复与交叉。

美国于1999年以诊断层和诊断特性为基础提出了谱系式的定量"土壤系统分类"，该分类系统共定义了8个诊断表层和20个诊断表下层。我国经过研究和修改完善后提出了"中国土壤系统分类"，共设立了11个诊断表层、20个诊断表下层、2个其他诊断层和25个诊断特性，将土壤划分成土纲、亚纲、土类、亚类、土族和土系六级，其中前四级为高级分类级别，后二级为基层分类级别。

目前我国土壤分类系统亚纲主要有以下32种：永冻有机土、正常有机土、水耕人为土、旱耕人为土、湿润铁铝土、潮湿变性土、寒性干旱土、正常干旱土、碱积盐成土、正常盐成土、寒冻潜育土、滞水潜育土、正常潜育土、岩性均腐土、干润均腐土、湿润均腐土、干润富铁土、常润富铁土、湿润富铁土、冷凉淋溶土、干润淋溶土、湿润淋溶土、寒冻雏形土、潮湿雏形土、干润雏形土、常润雏形土、湿润雏形土、沙质新成土、冲击新成土、正常新成土、火山灰土、灰土。（沈重阳、王佳佳、黄元仿）

## 42. 土壤有年龄吗？

如人类一样，土壤也是有年龄的，土壤年龄是指土壤发育形成的时间。土壤发育时间是很重要的成土因素，它说明土壤在历史进程中发生、发展和演变的动态过程，也是研究土壤特性和发生分类的重要基础。

土壤年龄有绝对年龄和相对年龄之分。土壤绝对年龄又称土壤的真实年龄，是指土壤在当地新风化层或新的母质上开始发育至今的绝对时间，通常用年表示。土壤绝对年龄与土壤的发育程度无关，但一般经历的年代较久，会发育较好。土壤相对年龄是指土壤发育的阶段或发育的程度。发生学土层越明显表示土壤相对年龄越长。

土壤年龄是土壤发生学研究中不可缺少的内容，也可作为土壤类型的划分、土壤质量及其自然肥力评价的依据之一。（邸佳颖）

发育层次良好的黄壤水稻土（摄影：张丽敏）

### 43. 什么是数字土壤？

数字土壤是土壤学融合现代地学和信息科学的必然趋势，可以定义为：在构建土壤信息及其相关海量数据的基础上，借助于地理信息系统（GIS）、全球定位系统（GPS）、遥感技术（RS）、虚拟现实技术（VR）、信息技术、地学理论等现代信息技术在计算机上实现土壤信息的可视化或多维模拟再现，可以进行土壤空间信息和属性信息的查询、检索、分析、统计和输出，并利用土壤信息处理和分析解决土壤科学问题及资源环境问题。

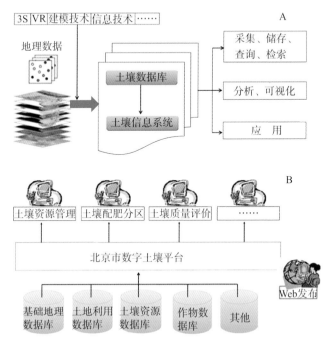

数字土壤框架（A）和北京市数字土壤总体结构图（B）（绘图：黄元仿）

数字土壤主要有四方面的含义：一是实现土壤信息数字化，构建不同比例尺的土壤资源数据库；二是集成与整合土壤信息，建立土壤信息系统，实现土壤信息的实时采集、储存、查询、检索、分析、动态监测等；三是基于信息技术、3S技术、专家技术等实现土壤信息系统与专业模型的集成，并应用于不同尺度、不同专业领域；四是基于计算机、虚拟现实、可视化等技术的基础上实现土壤信息的三维或多维可视化表达。（张世文、王佳佳、黄元仿）

## 44. 我国土壤类型主要有哪些？

在陆地表面，土壤类型及其组合呈现出规律变化，土壤与气候、生物条件相适应，表现出广域水平、垂直、水平与垂直复合分布的规律，总称为土壤地带性规律，其又可分成纬度、经度、垂直和区域地带性4种。土壤带与纬度相平行的分布规律称为纬度地带性，我国自南向北主要包括砖红壤、赤红壤、红壤、黄壤、黄棕壤、黄褐土、棕壤、暗棕壤及棕色针叶林土等纬度地带性土壤；土壤水平带因其所在海陆分布、山脉走向、海拔等地理因素的差异和影响，使之偏斜于纬度圈而与经度相平行，称为经度地带性，我国自东向西主要有暗棕壤、黑土、黑钙土、栗钙土、棕钙土、灰棕漠土等经度地带性土壤。随着山体海拔高度增加，温度随之下降，湿度随之增高，植被及其他生物类型也出现相应的变化，这种因山体海拔高度不同引起的生物—气候带分异呈现出土壤规律性分布称为土壤垂直地带性。由于地质、水文和地形等自然条件差异，在纬度带内显示出区域性特征的分布规律称为土壤区域地带性。

土壤还与地方性的母质、地形、水文、成土年龄以及人为活动相关，表现为地域性分布，如潮土、草甸土、沼泽土、盐土、

碱土、初育土、人为土等。（沈重阳、王佳佳、黄元仿）

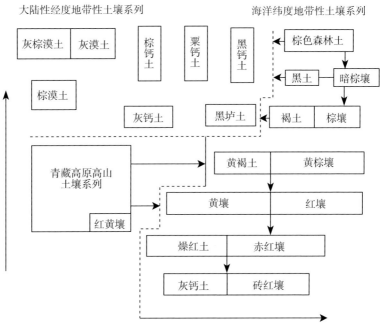

中国土壤水平地带分布（图片来自吕贻忠等主编的《土壤学》）

### 45. 为什么土壤有不同的颜色？

土壤颜色与土壤中的腐殖质含量、水分含量、浅色矿物（如二氧化硅、氧化铝、碳酸钙等）和暗色矿物（如氧化铁、氧化锰、黑云母等）含量密切相关。

土壤颜色是土壤物质组成及其性质的反映，而土壤物质组成及其性质又由各地不同的自然条件（即成土因素）决定。白土和青土是由单一颜色或相同色彩矿物的岩石风化后形成的。在高温多雨地区，由于物质循环较活跃，强烈的风化和淋溶作用使土壤中二氧化硅等物质被淋失（脱硅），而流动性很小的氧化铁和氧化铝在土层发生富集（富铁铝化），氧化铁为红色，因此土壤呈现出红色；纬度较高的地区气候温和干燥，蒸发量大于降水量，风化作用较弱，土壤处于弱淋溶状态，钙与植物分解产生的碳酸结合成碳酸钙，在土壤中形成碳酸钙聚积层，分别呈现栗色或棕色，故称栗钙土和棕钙土；寒冷的气候条件下，草原植物长时间给土壤提供的大量的有机物质被腐蚀积累，于是形成了肥沃的黑土。土壤的颜色对于识别土壤、判断土壤肥力都有很大的帮助。（张世文、王佳佳、黄元仿）

## 46. 什么是五色土？

五色土是指青、红、白、黑、黄五种颜色的土，古代用五色土象征中华大地，北京中山公园内明代社稷坛的最上层铺有的五种颜色土壤，大体上符合我国土壤分布情况。东部多水稻土呈青色为青土，南方多红壤、紫色土呈红色为红土，西北干旱土、盐碱土呈白色为白土，北方土壤多为黑色为黑土，中原腹地为黄土高原雏形土呈黄色为黄土。

实际上，五色土的颜色是由土壤物质组成及其性质决定的。青土是在排水不良或长期淹水的条件下，土壤中的氧化铁常被还原成浅蓝色的氧化亚铁，土壤便成了灰蓝色；红土是在高温多雨的环境下，由于矿物质的风化作用强烈，分解彻底，易溶于水的矿物质几乎全部流失，氧化铁、铝等矿物质残留在土壤上层形成红土。黑土是由于湿润寒冷地区微生物活动较弱，有机物分解慢，在土壤中大量积累导致土壤呈现出黑色。黄土是由于土壤中有机物含量较少的缘故。白土的土壤中含有较高的镁、钠等盐类。（张世文、王佳佳、黄元仿）

## 47. 黑土有什么特点?

黑土是大自然给予人类得天独厚的宝藏，是一种性状好、肥力高，非常适合植物生长的土壤。黑土是在温带湿润或半湿润季风气候下形成的，具有深厚黑色腐殖质层的地带性土壤，有地质专家指出，每形成1厘米厚的黑土需时200～400年，而北大荒的黑土厚度达到了1米，因此就有了"捏把黑土冒油花，插双筷子也发芽"的说法，更被当地人誉为"上有黑土帽，中有黄黑土腰，下有黄土底"的宝地。

黑土的自然植被以森林草甸或草原化草甸为主，有地榆、风毛榉、唐松草、野芍药、野百合等，当地称为"五花草塘"。我国黑土区为世界仅有的三大黑土区之一，主要分布于小兴安岭西南麓、长白山西麓，即嫩江、哈尔滨、长春一线，是我国的主要商品粮基地，盛产大豆、高粱、玉米、小麦。今天的黑土承受了太多的负载，黑土的不合理开发和利用导致土壤有机质下降，掠

黑龙江海伦典型黑土长期试验一角（摄影：徐明岗）

夺式经营方式造成黑土水土流失异常严重。（王佳佳、张世文、黄元仿）

## 48. 红壤有什么特点？

红壤地处热带、亚热带湿润气候条件下，赤铁矿含量很高，铁、铝氧化物颜色为红色，呈酸性反应，故称为红壤。在低丘的地形条件下红壤主要为第四纪红色黏土发育而成，在高丘陵和低山的地形下，成土母质多为千枚岩、花岗岩和砂页岩等。红壤的黏粒含量很高，质地黏重，但由于氧化铁和氧化铝胶体形成的结构体，致使土壤的渗透性比较好，滞水现象不严重；其土壤风化度高，呈强酸性，植物养分贫瘠。

我国红壤主要分布于北纬 25°～31° 的中亚热带低山丘陵区，北起长江，南至南岭，植被覆盖有常绿阔叶林，主要有樟科、茶科、冬青、山矾科、木兰科等，林下有蕨类和禾本科草类；人工林树种常见的有马尾松、杉木和云南松等。红壤区农业生产以

红壤丘陵区梯田景观（摄影：徐明岗）

稻、麦、棉为主，并广泛栽培有毛竹、油茶、油桐等人工林，是重要的粮、棉、油、茶和蚕丝的生产基地。（张世文、王佳佳、黄元仿）

## 49. 褐土有什么特点？

50

　　褐土又称褐色森林土，是在暖温带半湿润气候下，由碳酸钙的弱度淋溶和淀积作用，以及黏化作用下形成的地带性土壤。褐土呈棕褐色，由黄土及其他含碳酸盐的母质形成，有弱黏化层和钙积层，腐殖质层有机质含量1%～3%，质地多为壤土，透水性好，呈弱碱性。

　　我国褐土主要分布于燕山南麓、太行山、泰山、沂山等山地的低山与山前丘陵，晋东南和陕西关中盆地以及秦岭北麓，水平带位处棕壤之西，垂直带则位于棕壤之下，常呈复域分布。褐土的天然植被是干旱森林，乔木以栎树为代表，灌木以酸枣、荆条为代表，草本以白草、蒿为代表，人工林则以油松、洋槐为主。许多低山丘陵区的褐土已经开垦为农田，种植玉米、大豆等，但由于灌溉困难，产量较低。低山丘陵区的褐土适宜种植耐旱的干果类，如板栗、核桃，以及杏和柿子等。山前平原区的褐土适宜

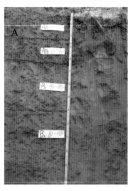

褐土典型剖面（A）和地面景观图（B）（图片来自中国数字科技馆）

发展大田作物，以冬小麦—夏玉米为主。（张世文、王佳佳、黄元仿）

## 50. 棕壤有什么特点？

棕壤又名棕色森林土，是在暖温带湿润气候条件下，淋溶、黏化作用形成的具有黏化层的地带性土壤。棕壤腐殖质累积、黏化及碳酸盐淋溶等成土过程明显，腐殖质层有机质含量1.5%～3%，母岩为各类岩石的风化物和残坡积物（石灰岩除外），土体以暗棕灰色为主，质地多为壤土，透水性好，呈微酸性至中性反应。二氧化硅呈现自上而下渐多的趋势，但剖面上下分布基本一致，未见任何表层聚积的现象，无灰化象征。

我国棕壤主要分布在山东半岛和辽东半岛的低山、丘陵和山前台地，半湿润半干旱地区的山地垂直带谱的褐土或淋溶土之上，以及南部黄棕壤区的山地上部。自然植被以落叶阔叶林为主。大部分已开垦利用，多用于农业，其中大田作物为一年两熟，主要种植小麦、玉米等，果园主要以苹果、梨、桃等为主。

北京房山棕壤植被景观图（摄影：黄元仿）

（张世文、王佳佳、黄元仿）

## 51. 黄土有什么特点？

黄土是指在干燥气候条件下形成的多孔性、具有柱状节理的黄色粉性土，它的别名也叫黄泥土、黄泥巴等。黄土除部分为风积原生黄土外，大部分为流水搬运而再沉积的次生黄土。黄土母质呈黄色或暗黄色，质地轻且疏松多孔，颗粒以粗粉粒为主，有显著的垂直节理，富含碳酸钙，透水性较强，易受侵蚀。

黄土覆盖了全球陆地的10%，我国黄土面积将近64万千米$^2$，占全国土地面积的6%，是世界上最大的黄土覆盖区。中国黄土地形的发育最为完善，拥有世界上规模最宏大的西北黄土高原和华北黄土平原。黄土地区是我国水土流失最为严重的地区，这与黄土母质的易侵蚀性密切相关，也受植被破坏的影响，"七沟八梁一面坡，层层梯田平展展"是黄土区环境的生动写照。（沈重阳、王佳佳、黄元仿）

山西黄土丘陵区景观（左）和黄土剖面（右）

（摄影：徐明岗、何亚婷）

**水稻土有什么特点?**

　　水稻土是指因长期种植水稻而形成的一种具有氧化还原反应特点的人为土壤。在水稻种植期间上部的水耕层淹水，土壤中的铁、锰化合物发生还原反应，而非种植期间土体中的水排干后发生氧化反应，二者周期性的交替出现，导致还原淋溶和氧化淀积的物质移动。与旱作土壤相比，水稻土更利于有机质的积累，腐殖质化系数高，但其缺磷少钾。各地带性、水成与半水成以及盐碱化等土壤上种植水稻后均可发育为水稻土，但也不是说种植了水稻的土壤就一定是水稻土，一般以水耕淀积层为其诊断层。

　　水稻土广泛分布于我国温带地区到亚热带地区，约占全国耕地面积的20%，主要分布于秦岭—淮河一线以南的平原、河谷之中，尤以长江中下游平原最为集中。水稻土是在人类生产活动中形成的一种特殊土壤，以种植水稻为主，也可种植小麦、棉花、油菜等。（张世文、王佳佳、黄元仿）

安徽马鞍山水稻田水稻种植试验基地（摄影：张世文）

## 53. 灰漠土有什么特点?

灰漠土是温带荒漠或荒漠草原区形成的地带性土壤。由于成土母质多为黄土状冲积物的原因,灰漠土砾质化程度很弱,在草生植被生长茂盛的地段,还可见灰漠土特有的鼠类活动洞隙和小土包。灰漠土表土孔状结皮发育良好,形成多角形裂隙或龟裂纹,质地为粉沙壤或沙壤质,灰漠土的淋洗微弱导致石膏和易溶性盐在剖面中分异不明显。

我国灰漠土主要分布在温带干旱的准噶尔盆地南部、天山北麓山前倾斜平原与甘肃的河西走廊中、西段的祁连山山前平原等。在相邻关系上,东面北段连接荒漠草原的棕钙土,南段连接灰钙土,西边和南边与灰棕漠土和风沙土连接,北边直抵国界。灰漠土区天然植被为旱生和超旱生的灌木与半灌木,如假木贼、蒿、猪毛菜等。灰漠土只有利用引水(雪山融水与地下水)灌溉才能种植作物,是典型的绿洲农业。土地利用以放牧业为主,但

灰漠土种植棉花的景观图(摄影:徐明岗)

生产力低，要防止超载放牧造成的风蚀沙化与草场退化。（张世文、王佳佳、黄元仿）

## 54. 泥炭土有什么特点？

泥炭土即草炭土，是指在河湖沉积低平原及山间谷地中，由于长期积水，水生植被茂密，在缺氧的情况下，大量分解不充分的植物残体积累形成泥炭层的潜育性土壤，它是一种很好的栽培基质。其泥炭层位于地表20～30厘米厚的草根层下，厚度大于50厘米，泥炭层下面是矿质潜育层，有些泥炭层下还存在腐殖质过渡层。泥炭土土类划分为低位泥炭土、中位泥炭土和高位泥炭土3个亚类。在低湿地，由富营养型造炭植物发育而成的为低位泥炭土，如苔草类草本植物；中位泥炭土亚类属过渡类型，零星分布于山地森林中的沼泽化地段，造炭植物为中营养型的乔木及莎草、泥炭藓等；高位泥炭土亚类属贫营养型，造炭植物主要为泥炭藓，水分靠大气降水补给，零星分布于山地的阴湿地段，面积较小。

芬兰典型泥炭土景观（摄影：徐明岗）

泥炭土的有机质含量高，但分解差，农业利用上必须先行排水、通气，使有机质腐化分解后利用。泥炭土一般也是湿地，是芦苇、香蒲等水生植物的栖息地，可重点发展旅游业。（王佳佳、张世文、黄元仿）

## 55. 土壤和耕地的关系是什么？

耕地是由自然土壤发育而成的，但并不是任何土壤都可以发育成为耕地。能够形成耕地的土壤需要具备可供农作物生长、发育、成熟的自然环境以及一定的自然条件：①必须有平坦的地形，或者在坡度较大的条件下，能够修筑梯田，而又不至于引起水土流失，一般土壤坡度超过25°的陡地不宜发展成耕地；②必须有相当深厚的土壤，以满足储藏水分、养分，供作物根系生长发育之需；③必须有适宜的温度和水分，以保证农作物生长发育成熟对热量和水分的要求；④必须有一定的抵抗自然灾害的能力；⑤必须达到在选择种植最佳农作物后，所获得的劳动产品收益能够大于劳动投入，进而取得一定的经济效益。（李玲）

## 56. 土壤、土地与国土有何区别？

土壤和土地是两个不同的概念，既有区别又有联系：土壤一般是指地球陆地表面具有肥力、能够生长植物的疏松表层。它是地球表面上的附着物，人力可以搬动土壤。土地是指陆地表层一定范围内全部自然要素（气候、地貌、岩石、土壤、植被和水文等）相互作用形成的自然综合体，是由地上层、地表层和地下层组成的立体空间，土壤只是土地的一部分。土地是非人力可以搬动的。

土地与国土存在很大差别。国土是指一国主权管辖范围内的领陆、领空、领海等的总称，是一国主权管辖范围内全部资源和环境的缩合体。它是一个包括政治、经济、自然科学和科学技术的综合概念。土地则只是一个自然、经济概念，无国别之界。

（邸佳颖）

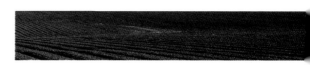

# 第二部分
## CHAPTER 2

# 土壤生产功能及其保护

 **57. 什么是土壤肥力？**

　　土壤肥力是土壤基本属性和本质的特征，反映了土壤从营养条件（水分和养分）和环境条件（温度和空气）方面供应和协调植物生长的能力，或者可以说土壤肥力就是能生产粮食的能力。

　　土壤肥力按成因可分为自然肥力和人为肥力。前者指在五大成土因素（母质、气候、生物、地形和年龄）影响下形成的肥力，主要存在于未开垦的自然土壤；后者指长期在人为的耕作、施肥、灌溉和其他各种农事活动影响下所产生的结果，主要存在于耕作（农田）土壤。（康日峰、张淑香）

肥力较高的东北黑土地（照片：康日峰）

**影响土壤肥力的主要因素有哪些?**

（1）养分因素。作物生长发育所需的营养元素主要来自于土壤，土壤养分有效性的高低直接决定了土壤为植物提供养分的能力。

（2）物理因素。指土壤的质地、结构状况、孔隙度、水分和温度状况等。比如壤质土，其土壤固体和由孔隙状况所决定的空气和水分的比例较适宜，因而肥力较高；土壤颗粒物成分，比如含铁较多，可能会和某些化肥形成络合物，起到保持肥力的作用。

（3）化学因素。指土壤的酸碱度、阳离子吸附及交换性能、土壤还原性物质、土壤含盐量以及其他有毒物质的含量等。它们直接影响植物的生长和土壤养分的转化、释放及有效性。通常，在过酸、过碱环境、大量可溶性盐类以及其他有毒物质存在的情况下，绝大多数作物很难获得高产，有的甚至绝收。

（4）生物因素。指土壤中的微生物及其生理活性。微生物参与土壤中有机质的分解，转变为可被作物吸收利用的营养物质。
（康日峰、张淑香）

**59. 如何提升土壤肥力?**

（1）合理施用化肥。根据土壤肥力和作物品种在当地自然条件下，确定的产量结构，科学施用配方肥，推广平衡施肥技术，确保各种营养元素的均衡供应，满足作物的需求，提高肥料利用率。

（2）施用有机肥。相对于化肥，有机肥可改善土壤理化性状、提高土壤酶活性、增加土壤有机质含量、提高作物抗虫害能力等多重效果，施用有机肥在肥力较弱的农田土壤具有更好地提高生产能力的作用。

（3）秸秆还田。秸秆是一种能直接利用的可再生有机资源，秸秆还田是增加土壤生产能力的有效措施。一是秸秆经过堆沤后施入土壤；另一种是在作物收获后，把秸秆切碎撒在地表后用犁翻压直接还田，均能够改善土壤的物理性质，促进土壤团粒结构形成，增加透气、透水、保肥能力，从而提高土壤肥力。

（4）合理轮作。合理轮作是用地养地的耕作方式，一是适当增加豆科作物种植面积，在轮作过程中四年左右种一茬豆科作物可增加土壤中氮素含量，同时豆科绿肥作物经翻压入土后，大量的根、茎、叶能够增加土壤有机质，改善土壤理化性质，提高土壤肥力；二是种植耗地力作物要控制年限，如甜菜要七年轮作一次，葵花要四年轮作一次，豆类和瓜类作物不重茬、不迎茬，要五年以上轮作，这样有利于恢复地力与防治病害。

优化种植制度与合理施肥培肥土壤（哈尔滨黑土培肥长期试验）

（摄影：徐明岗）

（5）种草肥田。应大力提倡种植豆科牧草来培肥地力，增加经济产量。目前可种植的牧草有草木犀、紫花苜蓿和二月兰等，以此来改善土壤，培肥地力，提高土壤生产能力。

（6）合理调整农、林、牧用地比例。林业的发展与恢复是平衡生态，改善气候条件，变恶性循环为良性循环的有利措施。合理的畜牧业发展也可以为土壤提供大量有机质，是培肥地力、提高农作物产量的直接措施。（康日峰、张淑香）

## 60. 为什么说中国农田土壤肥力普遍偏低？

（1）自然因素。我国山地多，地形起伏大，部分地区降水量少，土壤质地疏松，植被稀少，土壤重力侵蚀、山体滑坡、泥石流等土壤灾害频繁发生。土壤由于严重的侵蚀和水土流失而失去肥沃的表层土壤，导致土壤肥力偏低。

（2）人为因素。我国人口压力大，土壤利用结构和农事活动不合理。化肥与农药大量使用，耕作制度不合理，造成土壤板结、污染和理化性质的变化；丘陵地区毁林开荒，造成地表植被破坏，加重水土流失；工业发展、城镇规模扩大，造成耕地资源数量和质量的下降。在人类活动的影响下，我国土壤肥力的退化加重。（康日峰、张淑香）

## 61. 什么是地力和地力贡献率？

地力是指在特定气候区域以及地形、地貌、成土母质、土壤理化性状、农田基础设施及培肥水平等要素综合构成的耕地生产能力，与立地条件、土壤条件、农田基础设施条件及培肥水平等因素有很大关系。农田基础地力是衡量土壤基础肥力的综合指标。

地力贡献率是指不施肥作物产量与施肥作物产量之比，它是农田土壤养分供给力的一种相对评价方式，其值越大表明土壤供应养分的能力越强，研究其时间上的变化大小可反映土壤供应养分的稳定性。（康日峰、张淑香）

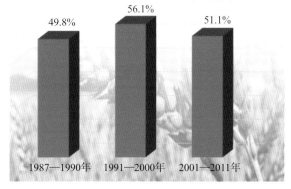

近年来我国农田基础地力贡献率（数据来源：农业部）

## 62. 我国农田地力贡献率与美国差异有多大？

中美两国都是世界上有重要影响的农业大国，纬度位置也比较相似。我国现在面临着传统农业向现代农业过渡的艰巨任务，而美国几十年前已经实现了这种转变。目前，美国粮食产量的70%～80%靠基础地力，20%～30%靠水肥投入。而我国主要作物产量中，农田地力贡献率为39%～58%，水肥的贡献率高达50%，其中化肥施用量是美国的两倍左右。高强度种植导致土壤长期疲劳和地力恢复过程缓慢，以及生产和地力培育作用被弱化是导致我国农田地力贡献率普遍较低的主要因素。（康日峰、张淑香）

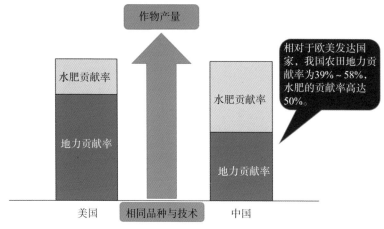

中国地力贡献率（%）与美国的差异（绘图：康日峰）

## 63. 我国不同区域农田地力贡献率有多大？

我国黑土耕地地力贡献率最高，为63%；水稻土次之，为54%；红壤最低，为41.7%；3种主要粮食作物水稻、玉米、小麦地力贡献率分别为60%、51.0%和45.7%。全国单季稻有2个较明显的地力贡献率高值区：长江中下游地区和四川盆地，总体呈现越往北越低的趋势，黑龙江省最低，全省平均为37%，湖南、云南等地最高可达70%以上。双季稻地力贡献率较高的区域主要在东部沿海地区，其中江浙一带在60%以上；地力贡献率较低的区域分布在西南地区，小麦地力贡献率最低，在30%～50%。冬小麦种植面积较大，北方小麦的地力贡献率高于南方，长江以南地区由于土壤气候条件限制，地力贡献率较低；华东地区土壤有机质丰富气候条件适宜，而甘肃西北部及新疆麦区光照时间长，昼夜温差大，且土壤肥沃，有利于光合作用及干物质积累，地力贡献率均较高。玉米的地力贡献率分布规律为从东往西、从南往北均呈上

升趋势，夏玉米地力贡献率最低，平均为33%，高值区出现在东北三省。（康日峰、张淑香）

##  土壤是"静止"的吗？

表面看，土壤是固定、不能移动的，但实际上土壤是有生命的自然体，在我们看不见的地下进行着各种生命活动。土壤生物参与土壤有机物质的矿化、腐殖酸的形成和分解、植物营养元素的转化等过程，在土壤培肥功能里起着不可替代的作用。另外，土壤中的水和气也无时不处于运动状态。（邸佳颖）

64

## 65. 土壤需要"休息"吗？

土壤是要休息的，就和人一样。我国人多地少，有限的耕地养活了十几亿人，但也付出了极大代价。目前我国的农田绝大部分是一年四季不停耕，长时间超负荷耕种，如北方的小麦—玉米、南方的三季稻等，带来的突出问题是耕地地力严重透支、土

甘肃河西走廊的轮间作种植（摄影：陈延华）

壤质量下降，已经制约了农业可持续发展。没有"地力"的土壤，种子也找不到生命的方向。因此，让土壤得到充分休息，实行轮作休耕制度，有利于耕地休养生息。（邸佳颖）

## 66. 为什么古人说"用之得宜，地力常新"？

积极养地，保证"地力常新"，是中国自古以来的优良传统。古代劳动人民在土壤耕作过程中，非常注意采用各种技术对土壤性质进行改良，以期保持土壤长久不衰的肥力和高产出率。古人改良土壤的过程，也是保持土壤生态系统平衡的过程。然而，当今随着人口数量增加，粮食产量及安全压力不断增大，土壤越来越暴露出不堪重负的迹象。因此，要维持土壤资源的可持续利用，必须因地制宜地采取措施，消除土壤障碍，改造中低产田，对污染土壤进行修复和改良，实现农业持续发展与土壤生态系统的最优平衡。

我国著名土壤学家赵其国院士建议，应以"人地和谐，地力常新，安全健康，永续利用"为土壤保护的出发点，以流域性、区域性、城乡工矿区土壤障碍及污染问题综合防治为重点，构建

精耕细作与培肥土壤（照片：邸佳颖）

具有我国特色的"土—水—气—生—人"一体化的土壤圈研究体系，建立适合国情的融"预防—控制—修复—监管"为一体的土壤圈管理体系，全面实施土壤保护战略。（康日峰、张淑香）

## 67. 什么是高产田？

高中低产田的划分方法主要有两种：第一种比较常用，是以近几年粮食平均单产为基础，上下浮动20%作为高产、中产、低产田的标准，上下限之间的耕地为中产田，高于上限的为高产田，低于下限的为低产田；第二种是按照NY/T310—1996《全国中低产田类型划分与改良技术规范》、NY/T 309—1996《全国耕地类型区、耕地地力等级划分》标准，以耕地的内在基础地力、外在农田设施建设水平和耕地产出能力为基础，结合不同区域特点，将耕地划分为高产田、中产田和低产田。按照第二种划分方法，高产田是指没有明显的土壤障碍因素，水肥气热环境协调，农田基础设施配套完善，在当地典型种植制度和管理水平下，主导粮食作物产量能够持续稳定维持在较高水平的耕地。

无论哪种方法划分，一般高产田土壤条件较好。以高产水稻田为例：①土壤土层深厚，深度以20~23厘米为宜，保证根系发育，有利于保水保肥；②土壤质地良好，泥沙比例以7∶3或6∶4

湖南稻米高产田（左）和黑龙江呼兰的玉米高产示范田（右）

（摄影：徐明岗）

为宜，不仅耕性好，而且蓄肥供肥的能力强，供水供养的矛盾小；③土壤有机质和养分含量丰富，有机质含量在3%以上；④土壤有益微生物活动旺盛，尤其是硝化细菌、氨化细菌、纤维分解细菌和反硫化细菌等活动旺盛；⑤土壤酸碱度适宜，pH为6～7最适宜；⑥田面平整，水分状况协调。（田有国、杜春先、曾晓舵）

## 68. 为什么我国中低产田比例近50年来一直维持在2/3？

长期以来，我国普遍采用耕地的粮食产量水平为依据来划分耕地的高中低田，这必然造成我国高中低产田比例各占1/3。事实上，据农业部全国农技中心在21世纪初统计，即使按照耕地基础地力和耕地农田基础设施建设水平进行划分，耕地的中低产田大概也占2/3左右。我国耕地中低产田比例长期较高的原因，还因为我国耕地资源禀赋较差，水土资源严重不匹配；高产品种的大规模使用，以及长期实行高投入高消耗高产出的生产模式，致使耕地地力得不到有效的保持和恢复。多年来，国家高度重视中低

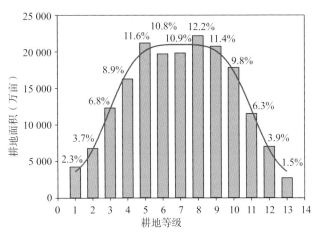

2014年我国耕地分级图（数据来源：农业部）

产田改造，投入了大量资金进行农业综合开发、土地整理和高标准农田建设，但我国中低产田基数大，中低产田改造多头管理，资金分散，重复建设严重，加之农民外出务工和农业比较效益低下，农民投工投劳参与中低产田改造的难度和主动加强耕地质量建设的驱动力不足，这些都造成我国中低产田比例一直维持在2/3左右。（田有国、杜春先、曾晓舵）

## 69. 土能吃吗？

吃土对身体是很有害的。因为土壤中所含的许多矿物质，根本不能被人体吸收。多吃土的结果，将会导致智力衰退，肝、脾、肠发胀或闭塞等病。但是，"万物土中生"，农业是人类生存的基础，土壤是农业生产最基本的生产资料，是动植物的营养库，是陆地生物所必需营养物质的重要供给源。土壤为动物及人类立足于生物圈提供了丰富的食品，既包括初级生产获得的植物产品，也包括次级生产获得的动物产品。因此，只有土壤层深厚、土壤营养丰富，才能"根深叶茂"，满足人类的食物需求。（邸佳颖）

## 70. 什么是土壤保肥性？

简单地说，土壤的保肥性就是土壤吸附、保持、存储作物所需养分的能力。土壤保持植物养分的方式大致可以分为5种：一是土壤孔隙的截留作用，就像筛子一样，截留住比土粒孔隙大的物质；二是土粒表面吸附作用，土壤细粒表面可以吸附和保持气体中及溶于水中的物质；三是交换吸附作用，即土壤溶液中的可溶性养分因其为阳离子或阴离子，可以被带有相反电荷的土壤胶体所交换吸收；四是化学沉淀作用，即施入土壤中的肥料与土壤中的某些物质发生化学反应而保存下来，这种作用可以保持养分，但也降低了养分利用率；五是生物吸附作用，利用植物和微生物选择、集中、积累和保蓄养分的能力，如植物可以把分布在下层土壤中的养分集中起来，有些绿肥可以利用难溶养分，有些植物和微生物可以固定氮素等。需要注意的是，这些保肥方式不是孤立发挥作用，而是相互联系、相互作用的，对土壤肥力的保持都有重要意义。（田有国、杜春先、曾晓舵）

## 71. 如何提升土壤保肥能力？

土壤保肥性能大小取决于土壤胶体的数量、组成和性质。土壤胶体是由直径在1~100毫微米（1毫微米=$10^{-7}$厘米）的微细颗粒组成。它可以分为有机胶体、无机胶体和有机无机复合胶体三种。有机胶体是有机物质腐殖质化的产物；无机胶体是岩石风化所产生的微细黏粒，如高岭石、蒙脱石、伊利石和铁铝氧化物等；有机无机复合胶体，顾名思义就是有机胶体和无机胶体复合作用的产物。土壤胶体的显著特点就是表面积大，可以吸收和保持大量的养分，同时土壤胶体带有电荷，可以将土壤养分元素吸附在土壤胶体上。土壤胶体含量越高，土壤保肥性能越好，反之亦然。提高土壤保肥能力非常重要的措施就是提高土壤胶体数量和质量，主要通过增施有机肥料提高胶体含量；改良土壤质地，比如沙质土中黏粒含量少，保肥性差，可采用引洪淤灌、放淤压沙，掺黏改沙等措施来改良，以提高保肥能力；合理耕作，通过深翻和中耕耙等，创造良好的土壤结构，为微生物提供良好的生活条件；调节交换性阳离子组成，酸性土中$H^+$、$Al^{3+}$离子多，可施用石灰、草木灰等碱性物质增加盐基离子数量，提高土壤盐基饱和度。碱性土壤中$Na^+$多，抑制作物对$K^+$、$Ca^{2+}$、$Mg^{2+}$吸收，通过引水洗盐及施用石膏，减少$Na^+$含量。另外，种植绿肥、合理间套

70

轮作、秸秆还田、有机无机肥料平衡施用、施用土壤改良剂等措施，都能有效提高土壤的保肥性能。（田有国、杜春先、曾晓舵）

 **什么是土壤供肥性？**

土壤在作物生长全过程中能持续不断地供给作物所需速效养分的能力和特性，即土壤供肥性。由于土壤自身的性状不同，供肥能力大小和快慢各异。通常是含有机质丰富的土壤，肥劲长而稳，肥力平缓协调；有机质少的沙质土有前劲而后劲不足，黏质土有后劲而前劲不足。土壤供肥性是鉴别土壤肥力高低的一个重要指标。土壤供肥性能优劣可以通过看作物长相、看作物施肥效应、看土壤形态和看室内土壤分析结果进行判别。影响土壤供肥性能的因素，主要包括难溶态和复杂有机态养分等迟效养分的转化速度，供肥能力强的土壤，具有较高的供肥容量，即所含某种养分的总量多，同时也有较高的供肥强度，即迟效态养分易于转化为速效态。另外，供肥性能还与土壤胶体吸附离子的有效性有关。也就是说，植物根系从土壤溶液或胶体上吸收离子态养分，土壤养分的有效性一方面与其绝对数量有关；另一方面更取决于土壤胶体上的相对数量。土壤所吸附某种交换性阳离子的数量占阳离子交换量的百分数，也称为该离子的饱和度。饱和度越高，越容易被植物吸收，有效性也就越高，土壤的供肥性能越好；反之亦然。（田有国、杜春先、曾晓舵）

**73.** **如何提升土壤供肥能力？**

土壤中的养分不是都能被作物吸收利用的，根据土壤养分能否为作物吸收利用程度，可以分为潜在养分和有效养分。土壤有效养分的多少，可以作为反映土壤供肥性能的指标。因此，提高土壤的供肥性能，非常重要的一点就是要促进潜在养分向有效养分转化。土壤质地轻重、结构状况、耕层深浅、土壤酸碱度高低、土壤水分、土壤空气和土壤温度，以及土壤胶体状况和土壤微生物的数量等都能影响土壤养分形态的转化。提升土壤的供肥能力的措施有很多，包括增施有机肥料和改良土壤质地，通过深翻、中耕耙耱等合理耕作，创造良好的土壤结构；合理排灌和调节交换性阳离子组成，针对酸性土、碱性土的不同，施用土壤改良剂等，调节土壤酸碱性，提高供肥性能。（田有国、杜春先）

农民堆制有机肥培肥地力（摄影：徐明岗）

## 74. 如何提升土壤保水、供水能力？

土壤的保水、供水能力主要由土壤质地及其土壤结构决定。黏土通透性差，保水能力最强；沙土保水能力最差，壤土保水能力介于沙土和黏土之间。对于沙滩薄地、山岭薄地，由于其土壤透气性较好，保水保肥能力差，易于漏水漏肥，应大量增施有机肥并掺黏土，提高保肥保水及供肥供水能力。对于沙滩地下部存在黏板层和地下水位过高的问题，注意打破黏板层，降低地下水位。而石灰岩山麓、冲积平原黏土地，土壤保水保肥力强，但通气透水性差，应深翻增施有机肥和秸秆还田，掺沙改善土壤透气性，并挖好排水沟。（田有国、杜春先、曾晓舵）

农民通过秸秆还田提升土壤保水供水能力（摄影：徐明岗）

## 75. 土壤生产力用什么表征？

土壤生产力是指土壤生产作物的能力，是由土壤本身的肥力属性和发挥肥力作用的外界条件决定的。土壤肥力因素的各种性质和土壤的自然、人为环境条件构成了土壤生产力。也就是说，土壤肥力因素非常重要，但土壤的外界条件也很重要，影响作物生长的外部因素有空气、温度、光照、养分和水分等。每个因素都直接影响植物生长，每个因素又与其他因素互有联系。除光以外，植物主要依赖土壤获取所有这些因素，每个因素相互联系，又都直接影响植物生长。比如，水和空气共同占据土壤孔隙，所以影响水分关系的因素必然影响土壤空气，土壤水分变化肯定又进一步影响土壤温度。养分有效性也受到土壤与水分平衡以及土壤温度的影响。根系生长也受土壤温度、土壤水分和空气的影响。正是因为这个原因，国内外目前没有一个反映土壤本质特征的、综合的土壤生产力的指标，一般用土壤肥力指标来表征土壤生产力。一是土壤化学性指标，包括全氮、全磷、全钾、碱解氮、有效磷、速效钾、阳离子交换量、碳氮比等；二是土壤物理性指标，包括质地、容重、水稳性团聚体、孔隙度、土壤耕层温度变幅、土层厚度、土壤含水量等；三是土壤生物学指标，包括有机质、腐殖酸、微生物态氮、土壤酶活性等；四是土壤环境指标，包括pH、地下水深度、坡度、林网化水平等。（田有国、杜春先、曾晓舵）

河南不同土壤生产力的田块（摄影：黄绍敏）

## 76. 土壤肥力和土壤生产力的关系是什么？

土壤肥力与土壤生产力既有联系又有区别。土壤肥力是反映土壤肥沃性的一个重要指标，它是衡量土壤能够提供作物生长所需的各种养分的能力。土壤肥力是土壤的基本属性和本质特征，是土壤为植物生长供应和协调养分、水分、空气和热量的能力，是土壤物理、化学和生物学性质的综合反应。

土壤生产力是由土壤本身的肥力属性和发挥肥力作用的外界条件所决定的，而肥力只是生产力的基础。肥力因素相同的土壤，如果所处的环境不同，表现出来的生产力可能相差较大。因此，可以说土壤肥力因素的各种性质和土壤的自然、人为环境条件构成了土壤生产力。（李玲）

## 77. 为什么说土壤培肥是一项长期工作？

简言之，土壤培肥就是通过人为措施提高土壤肥力的过程。在一定的土壤条件和耕作模式下，科学的土壤培肥技术是提高土壤肥力，取得高产稳产的关键。培肥地力有很多有效措施，一是每年要增施一定数量的有机肥料，包括采取各种措施实施秸秆还田，不断更新与活化土壤腐殖质。二是合理轮作倒茬，用地养地结合。根据作物茬口特性，实行粮食作物与绿肥作物轮作、经济作物与绿肥作物轮作、豆科作物与粮棉作物轮作、水旱轮作等。三是合理耕作改土，加速土壤熟化等。四是有机无机结合，实施平衡施肥技术等。五是针对性地采取改良措施，培肥土壤。比如针对冷浸田、坡耕地，采取挖排潜沟和坡改梯等措施进行改良，可以有效改良培肥土壤。

土壤培肥技术的示范推广，取得了一定效果，但是由于我国农业生产经营高度分散，比如平衡施肥技术、轮作倒茬等用地养地结合模式，并没有得到大面积的有效推广应用。与此相反，部分地区片面追求短期利益，对农业土壤资源进行掠夺性开发利用，用地和养地相脱节，水土流失加剧，长期缺乏科学施肥，土壤理化性状变差，肥力下降，保水性能差，季节性干旱严重，农业土壤质量退化问题日趋严重。因此，土壤培肥是一项长期的工作。（田有国、杜春先、曾晓舵）

**高产肥沃土壤的特征有哪些？**

高产肥沃土壤的特征主要有以下几点：①肥厚的耕作层。耕作层是作物根系生长的场所，是作物养分和水分最集中的层次。耕作层的厚度直接影响到作物生长的好坏。高产肥沃土壤的耕作层一般都在20厘米以上，有的可达30～50厘米。②要有适量协调的养分。高产肥沃的土壤具有较高的有机质、全氮和其他速效性养分含量，供肥能力强，肥效稳而长，可以满足不同阶段作物对养分的需求。③酸碱适中。高效肥沃土壤的pH一般在6.5～7.5，不含有毒物质。有益微生物数量多，活性大，无污染。④协调的土体构型。高产旱作土壤要求整个土层厚度在1米以上，"上虚下实"结构，犁底层不明显，心土层较紧实。肥沃水田土壤要求有松软、深厚、肥沃的爽水耕作层，稍微紧实的犁底层，底土层较黏重。⑤良好的物理性状。高产肥沃土壤一般都具有良好的物理性状。表现为质地适中，具有良好的结构，温度变幅小，吸热保温能力强，耕作性能好，土壤容重为1.10～1.25 克/厘米$^3$，土壤总孔隙度为50%以上，非毛管孔隙度在10%以上，大小孔隙比例为1：2～4。⑥适宜的土壤环境。一是土地要平整。低山丘陵地区一般要丘陵化，平原区原田化、方田化。二是要求能灌能排。平原地区地下水位过高的地方，要将地下水位控制在2.5米以下，使土壤水爽气通。（田有国、杜春先、曾晓舵）

**79. 土壤健康指什么？**

我们每个人都会关注自己的身体健康，但是如果土壤不健康，那么土壤里生产出的瓜果蔬菜也会变得不安全，假如我们食用了这样的食物，就会对自身的健康产生影响。所以土壤是否健康非常重要，而土壤健康，就是农业生产过程中，在施肥、控制病虫害等方面进行科学管理，控制生产过程对土壤及生态环境产生负面影响，保持土壤状况良好，使作物健康生长。所以，2015年国际土壤年的口号是"健康土壤带来健康生活"。（赵永志、贾小红、王伊昆）

健康土壤中蚯蚓数量多（摄影：金强）

## 80. 施肥会导致土壤退化吗？

土壤退化是一个复杂的问题，主要由自然和人为两个方面引起，尤其是人为活动可能使土壤肥力下降、作物不能健康生长。虽然施肥可以提高土壤肥力，但是如果肥料使用过量，使土壤中的养分超过了作物的需要，那么多余的养分就会在土壤中发生一系列变化，产生环境负效应，影响土壤健康。如果长期大量使用氮、磷、钾化肥，可能造成氮、磷、钾养分富集，使土壤养分供应不平衡，影响作物生长。所以说，施肥本身并不会导致土壤退化，但是只有合理施用才能保持土壤健康。（贾小红、王伊昆）

不合理施用氮肥导致红壤酸化（湖南祁阳长期试验）（摄影：徐明岗）

## 81. 如何理解"庄稼一枝花，全靠肥当家"，施肥越多越好吗？

　　"庄稼一枝花，全靠肥当家"，在我国很多地方，庄稼"这枝花"真的几乎全靠化肥"当家"。要想庄稼长势好，多施肥是千百年来我国劳动人民农业生产的经验总结。在今天看来，这一经验仍有一定的实用性。化肥对提高农业产量功不可没，至少在未来相当长远的一段时间，人类要吃饱肚子，不可能摆脱对它的依赖。然而化肥不是施得越多越好，而是要合理施用才能高产，不合理施用化学肥料不仅造成肥料的浪费，也会给环境造成一定压力。因此，科学认识、合理利用化肥，尤其是提升化肥的利用效率是急需解决的重要问题。（邸佳颖）

江西进贤红壤旱地不同施肥作物长势（不同施肥特别是合理施肥和
施用有机肥能使作物高产稳产）（摄影：徐明岗）

## 82. "养分归还学说" 是基于什么理论提出来的?

养分归还学说是由德国化学家、现代农业化学的倡导者李
比希（1803—1873）提出，其定义为"植物从土壤中吸收养分，
每次收获必从土壤中带走某些养分，使土壤中养分减少，土壤贫
化。要维持地力和作物产量，就要归还植物带走的养分"。

种植农作物每年带走大量的土壤养分，土壤虽是个巨大的养
分库，但并不是取之不尽的，必须通过施肥的方式，把某些作物
带走的养分"归还"于土壤，才能保持土壤有足够的养分供应容
量和强度。我国每年以大量化肥投入农田，主要是以氮、磷两大
营养元素为主，而钾素和微量养分元素归还不足。养分归还学说
对合理施肥至今仍有深远的指导意义。但也具有局限性，它对养
分消耗的估计只局限于磷、钾上，并且反对豆科植物能丰富土壤

氮素的说法。（李玲）

 **83. 什么是土壤养分平衡？**

在农田生态系统中，养分平衡是进行农田养分管理、确定合理施肥和保持土壤养分库功能和土壤生态稳定性的基础。农田生态系统养分平衡主要考虑养分的输入和输出以及养分通过不同途径的损失。其平衡一般以养分库的盈亏量来表示：表观盈亏量=肥料养分的投入量－肥料养分的输出量；表观盈亏率=［（肥料养分的投入量/肥料养分的输出量）－1］×100%。表观盈亏率>0表示土壤养分有盈余，而长期的土壤残留养分易随径流进入地表水或淋洗进入地下水，导致水质污染，或通过挥发损失造成大气污染；表观盈亏率<0表示作物从田间移走的养分量超过输入量，土壤养分库亏缺，影响土壤生产力。（李玲）

**84. 什么是土壤养分的生物有效性？**

土壤养分的生物有效性指的是土壤中养分元素活化、迁移与植物根系对养分元素的吸收、输送的复合过程，即在土壤中能够与植物根系接触、被植物吸收并影响其生长速率的那部分养分。土壤有效养分是指不受土壤固相物质束缚、在元素化学形态上可以被植物利用的、在空间上也能被植物根系直接吸收利用的，能满足植物营养需求的那部分土壤养分。（李玲）

**85. 土壤养分存在"木桶理论"吗？**

一个木桶能装多少水，不取决于最长的那块木板，而是最短的那块，这就是"木桶理论"。在农业管理中，也存在"木桶理论"，即作物产量受制于相对含量最小的有效养分，产量的高低随着这种养分的多少而变化。所谓最小养分就是指土壤当中最缺乏的那一种营养元素。这种养分不能用其他养分来代替。因此，决定作物产量的是土壤中那个相对含量最小的有效植物生长因子，产量在一定限度内随着这个因素的增减而相对变化。若无视这个限制因素的存在，即使继续增加其他营养成分，也难以再提高作物的产量。作物施肥的木桶理论告诉我们，施肥要有针对性。（李玲）

## 86. 什么是养分的报酬递减律？

在灌溉、品种、耕作管理等措施相对稳定的前提下，作物产量随着施肥量的增加而增加。但超过一定限度后，增加施肥量，每单位化肥增加的作物产量下降。在某一阶段的生产中，一般来说，生产要素总是保持相对稳定的状况，在这种情况下报酬递减律是客观存在的。

按照报酬递减律，过量施肥会造成经济效益下降。因此，在施肥时要选择适宜用量，施少了则化肥增产的潜力尚未发挥出来，施多了虽可能获得高产量，但计算经济效益，很可能是因为化肥成本的增加，反而增产不增收。（李玲）

## 87. 我国的化肥利用率为什么偏低？

化肥是提高作物产量的一个重要因素。但是，近几年随着化肥投入量的不断增加，化肥的增产效果却越来越不明显，肥料利用率降低，我国化肥的当季利用率氮肥为30%～35%、磷肥为10%～25%、钾肥为35%～50%。化肥利用率低的主要原因有：

（1）施肥结构不合理。目前，有些农民仍按传统的经验施肥，存在着严重的盲目性和随机性。部分农民仍然重氮，轻磷、钾，部分农民不论种植什么作物，均用一种复合肥，没有针对性，对钾肥的施用仍未引起高度重视。（2）施肥方法不科学。农民往往注重底肥的施入，很少进行追肥，这不仅降低了肥料利用率，而且会使作物生长后期出现脱肥现象，影响作物的产量；种子与底肥不分、施肥深度过浅也是化肥利用率过低的一个重要原因。（3）养分比例失调。土壤中的微量元素长期缺乏，已不能满足作物的生长需要，根据"最小养分律学说"，即使氮、磷、钾的施入比例合理也会影响作物的产量。因此，提高肥料利用率、充分发挥肥料的作用，对我国农业可持续发展意义重大。（李玲）

过量施用化肥及不合理施用方式是化肥利用率低的主要原因

（摄影：陈延华）

 **如何理解和实现化肥的减施增效？**

　　化肥是保障国家粮食安全和农产品有效供给必不可少的投

入品。我国人多地少，决定了我国高投入高产出的集约化生产体系。当前，我国化肥过量施用严重，常年用量达6000万吨，占世界化肥消费总量的35%，单位耕地面积化肥用量是世界平均水平的3倍，是欧美国家的2倍。大量施用化肥带来土壤质量下降、作物品质变差等问题。要确保粮食持续高产、肥料养分高效、生态环境安全多重目标的实现，必须根据我国国情，研发化肥减施增效关键技术。目前常见的6种关键技术为：平衡施肥技术、有机肥替代技术、秸秆还田技术、新型肥料技术、肥料机械深施技术、水肥一体化技术。而且要做到因地制宜，在不同区域选择特定技术模式可实现化肥的减施增效。（邸佳颖）

冬季种植绿肥实现化肥减施增效（湖南华容县，摄影：徐明岗）

## 89. 如何提高化肥利用率？

化肥利用率受施肥量、施肥种类、土壤特性、作物品种等许多因素的影响，在一些地方氮肥的利用率在20%～50%，磷肥的利用率在10%～30%，氮、磷的利用率很低，需要采取措施来提高化肥的利用率。只有因地施肥、因需施肥，从肥料、作物、土壤等多个方面综合考虑进行化肥的合理施用，提高肥料利用率，才能降低成本、增加收益。

提高化肥利用率的主要措施有：①根据土壤供肥能力、pH和作物需肥特点，合理确定肥料的施用量和施用品种。不同种类的肥料要采用不同的施用方法。②氮、磷、钾、有机肥配合使用。③根据肥料种类进行深施和集中施、分层施。④根据不同农作物对养分需要的临界期和养分需求最大效率期适期使用。⑤科学管水，水分的供应与作物营养的吸收有密切的关系，适量灌溉能提高肥料的利用率，但过多或过少将使利用率下降。⑥叶面喷肥，不仅可以及时满足作物对养分的需求，还可以减少土壤对养分的固定，提高肥料利用率。（邸佳颖）

## 90. 为什么控释肥料对土壤环境负效应小？

控释肥料能够将氮肥或其他养分在土壤中的释放曲线与作物生长的养分吸收曲线一致，大大降低化肥养分在土壤中的挥发、淋洗、反硝化等损失，提高肥料利用率，减少化肥使用对环境带

控制缓释肥（摄影：贾小红）

来的污染。因此，控释肥料对土壤环境的负效应小。（贾小红、陈娟）

 **91. 什么是微生物肥料？**

84

　　所谓微生物肥料，是指一类含有活微生物的特定制品，应用于农业生产中，能为作物生长提供养分，或者改善作物对养分的利用和促进作物生长。其作用原理是利用微生物的生命活动来增加土壤中的氮素、有效磷、速效钾的含量，或将土壤中一些作物不能直接利用的营养物质，转换成可被吸收利用的营养物质，或产生促进作物生长的刺激物质，或抑制植物病原菌的活动，从而提高土壤肥力，改善作物的营养条件，提高作物产量。（贾小红、郭宁）

北京嘉博文公司生产的微生物肥料（摄影：徐明岗）

**92. 什么是炭基肥？**

　　炭基肥是一种以生物质炭为基质，根据不同区域土壤特点、不同作物生长特性以及科学施肥原理，添加有机质或是和矿物质配制而成的生态环保型肥料。其基本理论是土肥炭基——有机论，即增加土壤中炭基——有机质的含量，快速改造土壤结构，平衡盐与水分，通过快速熟化创造有利于植物健康生长的土壤环境，从而增加土壤肥力，促进作物生长。（李玲）

## 93. 什么是"全元生物有机肥"?

全元生物有机肥指的是集有机肥、化肥（速效和缓控释及稳定性化肥）、生物肥等为一体的新型生物有机肥料。在大田农作物茄子、番茄、黄瓜、香蕉、西瓜、土豆、玉米等施用效果表明，与化肥、传统有机肥和生物肥料相比，全元生物有机肥在增产、抗病、改善生态环境，以及生产优质农产品等方面的效果更为明显。（李玲）

## 94. 有机肥能防治土壤退化吗?

有机肥中含有大量有机质，不仅能为作物生长提供养分，而且还能为土壤中的微生物生长提供营养物质，促进微生物的生

有机肥化肥配合的复合肥能有效培肥改土和增加产量（摄影：贾小红）

长，改善土壤生物性状；有机肥还可以促进土壤团粒结构的形成，改善土壤的物理性状；有机肥提供养分比较全面，可以丰富土壤养分，改善土壤化学性状。因此，有机肥对防治土壤退化非常重要。化肥养分含量高，能迅速提供作物生长所需要的大量养分获得高产，但化肥养分比较单一，如果一味依靠化肥而忽视有机肥，不利于土壤理化性状的改善，这样的土壤即使增加化肥用量，也不会再增产，对农业生产、农民收入不利。所以有机肥和化肥科学配合、平衡施肥是防治土壤退化的唯一良方。（赵永志、贾小红、于跃跃）

## 95. 有机肥中的重金属能导致土壤污染吗？

部分养殖场由于使用含有大量重金属的饲料添加剂，使畜禽粪便生产的有机肥含有一定量的重金属，特别是铜、锌、镉等重金属含量超高。长期使用不安全有机肥可以显著增加土壤重金属含量，研究表明长期施用猪粪有机肥，对土壤铜、锌积累的年贡献率分别为37%～40%和8%～17%，长期施用不安全的有机肥会导致土壤重金属含量超标，引起土壤重金属污染。因此，我国制定的有机肥、生物有机肥行业标准都对有机肥中重金属含量提出严格要求。生产中使用合格的有机肥不会对土壤产生污染。（赵永志、贾小红、于跃跃）

有机肥、生物有机肥中重金属限量要求

| 项　目 | 限量指标（毫克/千克） |
| --- | --- |
| 总砷（As）以干基计 | ≤15 |
| 总镉（Cd）以干基计 | ≤3 |
| 总铅（Pb）以干基计 | ≤50 |
| 总铬（Cr）以干基计 | ≤150 |
| 总汞（Hg）以干基计 | ≤2 |

**96.** **有机肥中的抗生素对土壤健康有什么影响?**

现代抗生素的定义为：由某些微生物产生的，或者人工化学合成的，能抑制微生物和其他细胞增殖的化学物质叫做抗生素（英文名称antibioties）。动物饲料中添加人工合成的抗生素会残留在粪便中，粪便加工后抗生素会残留在有机肥中，研究表明，与未使用有机肥的土壤相比，长期施用粪便有机肥的部分土壤四环素类抗生素含量会提高十倍到几十倍。有机肥中抗生素在土壤中积累，对作物生长有一定影响，还会向水体扩散，引起地表水和地下水污染，目前抗生素对土壤健康的影响和危害已经受到人们的关注，逐渐成为研究的热点。（贾小红、于跃跃）

**97.** **如何合理施用有机肥?**

施用有机肥对提高作物产量和品质有重要作用。然而，随着科技进步和土壤肥力不断下降，有机肥的不当施用如有机肥的

宁夏顺宝鸡粪有机肥堆腐场地（摄影：徐明岗）

品质较差、施肥量过高也会产生一些不良后果，造成土壤盐分增加，对土壤容重、有机质、团聚体和微生物带来不良影响，不利于作物正常生长。高效合理施用有机肥，要注意以下三点：

一要选择优质有机肥。生产中一定要制造和选用优质、无污染有机肥并充分腐熟。如需购买商品有机肥，应选用正规大厂家生产的有机肥。二要严格控制施肥量。三要配合生物肥施用。生物肥中生物菌能加速有机肥中有机物分解，使其更利于作物吸收，同时能将有机肥中有害物质分解转化，避免其对作物造成伤害。（邸佳颖）

## 98. 生物有机肥对土壤培肥作用何在？

生物有机肥是在有机肥中加入特定功能微生物复合而成的肥料。生物有机肥是兼具有机肥和生物肥的特性，具有以下作用：首先生物有机肥可以增加土壤有机质和养分含量，提高土壤供应养分能力，同时还可以改善土壤微生物种群结构、增加微生物数量、提高土壤生物活力，进一步提高土壤质量。在生物有机肥中，有机质和微生物互相促进，可以提高有机肥中养分的有效性，促进微生物的增殖，改善作物根际微环境，调节土壤生物种类和数量，降低土传病害的侵害，缓解土壤连作障碍。（赵永志、于跃跃）

## 99. 生物有机肥施用的注意事项有哪些？

生物有机肥因其特殊的性质，在使用时应注意以下几点：

（1）肥料包装袋打开以后不宜放置太久，应尽早施用，因为有机肥贮存过久会影响肥效，最佳贮存时期一般不要超过6个月。

（2）生物肥不能与杀虫剂、杀菌剂、除草剂等农药混合，如一定要用，生物肥应提前或延后72小时使用。

（3）生物肥不适宜与碳酸氢铵、草木灰、含"硫"元素肥料（如硫酸钾、硫酸铵等）混合施用，以免影响菌肥肥效。

（4）生物肥在做基肥时，应及时覆土和土拌匀，使肥效发挥最大。（赵永志、于跃跃）

## 100. 什么是平衡施肥和测土施肥？

平衡施肥，是依据作物需肥规律、土壤供肥特性与肥料效应，在施用有机肥的基础上，合理确定氮、磷、钾和中、微量元素的适宜用量和比例，并采用相应科学施用方法的施肥技术。

测土施肥，是以土壤测试和肥料田间试验为基础，根据土壤测试结果、作物需肥规律和肥料效应，在合理施用有机肥料的基础上，提出氮、磷、钾及中、微量元素等肥料的施用数量、施肥时期和施用方法。通俗地讲，根据测土结果科学施肥。

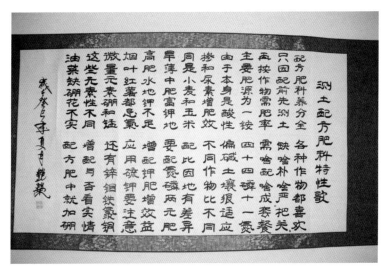

测土配方肥料特性歌（来自黑龙江阿城区配肥站，摄影：徐明岗）

无论平衡施肥还是测土施肥，都是调节和解决作物需肥与土壤供肥之间的矛盾。有针对性地补充作物所需的营养元素，作物缺什么元素就补充什么元素，需要多少补多少，实现各种养分平衡供应，满足作物的需要，达到提高肥料利用率，增加作物产量，改善农产品品质，节省劳力的目的。测土配方施肥是在测土施肥基础上，使用专用配方肥，是进一步简化落实科学施肥，主要包括"测土、配方、配肥、供应、校验、施肥指导"六个核心环节。（赵永志、陈娟）

## 101. 什么是水肥一体化？

水肥一体化是指在灌水过程中，把肥料溶在水中，随浇水给作物施肥，实现同时为作物生长提供水分和养分。一般是根据作物需求与土壤供肥能力，选择专门的可溶性固体肥料或液体肥料，在特制容器内配兑肥液，用专门的施肥设备将肥料打入灌水系统中，在灌水过程中施肥。水肥一体化可均匀、定时、定量，浸润作物根系发育生长区域，使主要根系土壤始终保持疏松和适

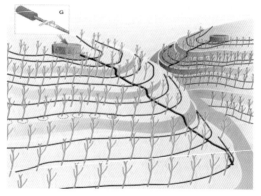

福建果园重力式水肥一体化示意图（绘图：孔庆波）

宜的含水量，同时提供作物生长所需养分，水肥互相促进，提高水肥利用率。水肥一体化技术是现代种植业生产的一项综合水肥管理措施，具有节水、节肥、省工、优质、高效、环保等优点。（赵永志、刘瑜）

## 102. 为什么要推广秸秆还田？

秸秆还田是实现秸秆资源化利用，培肥地力的一项重要措施，秸秆还田可防止焚烧秸秆造成的大气污染，是保护环境、促进农业可持续发展的战略抉择。通过秸秆还田，能有效增加土壤有机质含量、改良土壤、加速生土熟化、提高土壤肥力、改善植株性状、提高作物产量，具有改善土壤性状，增加团粒结构等优点。秸秆还田的增肥增产作用显著，一般可增产5%～10%，是促进农业稳产、高产，走可持续发展道路的重要途径。（赵永志、闫实）

秸秆还田"变废为宝"（摄影：徐明岗）

## 103. 我国南方秸秆还田的技术模式有哪些？

我国南方秸秆还田的技术模式主要有三种：早稻秸秆粉碎还田腐熟技术模式、水稻秸秆覆盖还田腐熟技术模式和墒沟埋草还田腐熟技术模式。

早稻秸秆粉碎还田腐熟技术模式：早稻收割时，留茬高度应小于15厘米，边收割边将全田稻草切成10～15厘米长度的碎草。将切碎的稻草均匀地撒铺在田里，平均每亩稻草还田量为300～400千克。稻草撒铺后，在稻草上撒秸秆腐熟剂，同时施用基肥。

水稻秸秆覆盖还田腐熟技术模式：在水稻收割时，留茬高度小于15厘米，割下的稻草切成10～15厘米长度的碎草，下茬种植油菜，趁墒将稻草均匀覆盖于水稻田宽窄行的窄行中，宽行留作免耕栽油菜。

墒沟埋草还田腐熟技术模式：该技术模式适用于麦—稻轮作区，冬小麦播种后，立即开挖田间墒沟。小麦收割时，尽量齐地收割，按每亩250～350千克小麦秸秆量就地均匀铺于农田畦面，将多余小麦秸秆置于本田墒沟内，然后施用腐熟剂和基肥。墒沟麦秸在水稻生长过程中进行腐解，在秋播时，将墒沟内腐烂的秸草挖出，施入本田用作三麦基肥或盖籽肥。（赵永志、张梦佳）

湖南稻草翻压还田和覆盖还田（摄影：黄铁平）

**我国北方秸秆还田的技术模式有哪些?**

（1）玉米秸秆机械粉碎腐熟还田技术。在玉米成熟后，采取机械收割玉米穗，将玉米秸秆粉碎，并均匀覆盖地表；同时将秸秆腐熟剂和尿素混拌后均匀地撒在秸秆上。采取机械旋耕、翻耕作业，将粉碎的玉米秸秆、尿素与表层土壤充分混合，及时耙实，以利保墒。

（2）小麦秸秆高留茬覆盖还田技术。在小麦收获时，采用联合收割机进行小麦收获、同时进行秸秆还田一体化。一般小麦留茬高度20～30厘米，上部秸秆切成10厘米以下碎草，均匀撒在地表，全量还田。

（3）秸秆集中堆腐还田技术。收获农产品时，将作物秸秆也从地中清理出来，在农闲时间，选择田间地头空闲地方，铺一层作物秸秆，喷上水，撒一层畜禽粪便或者尿素，再铺一层秸秆，这样一层层堆到1米多高，盖上塑料布或者用泥土封一层皮，定期翻堆，等完全腐熟后施入土壤。

（4）秸秆生物反应堆技术。设施农业中，在设施内按特定距挖深半米左右沟，把作物秸秆一层层堆进去，同时在每一层间

山西玉米秸秆粉碎直接还田（左）和秸秆集中堆腐还田（右）

（摄影：张藕珠）

撒入特制的秸秆生物反应堆专用菌剂和畜禽粪便或者尿素。在埋秸秆堆肥沟间定植作物。在作物生长期间，秸秆在田间腐烂，同时释放出二氧化碳，促进作物生长。下一茬再在埋秸秆处定植作物，在原来定植作物处再埋入秸秆。（赵永志、闫实）

## 105. 为什么秸秆还田要增施一些氮肥？

秸秆腐烂是土壤中的微生物分解利用有机质的过程，由于这些微生物分解秸秆中有机质是需要利用一定数量的氮素，如果土壤中氮素不足，秸秆在分解过程中会出现微生物与后茬作物幼苗争夺速效氮素的现象，就会影响后茬作物幼苗的正常生长和秸秆的快速腐烂。一般玉米秸秆还田数量在400～600千克／亩时，应增施碳酸氢铵30～50千克或尿素15～20千克，以增加土壤中速效氮素的含量。（赵永志、贾小红、闫实）

秸秆还田后增施速效氮肥促进腐解（摄影：徐明岗）

## 106. 为什么秸秆还田要配合施用秸秆腐熟剂？

秸秆还田过程配合施用秸秆腐熟剂有利于促进秸秆快速腐

烂。秸秆腐熟剂中含有大量的酵母菌、霉菌、细菌和放线菌等，其大量繁殖能有效地将作物秸秆分解成作物所需的氮、磷、钾等大量元素和钙、镁、锰、锌等中微量元素，同时合成有机质，能够有效地改善土壤团粒结构，提高土壤通气和保水保肥功能，并且能产生热量和一定量的二氧化碳，从而改善作物的生长环境并促进作物秸秆循环的有效利用。（赵永志、闫实）

玉米秸秆喷撒秸秆腐熟剂促进腐解（摄影：徐明岗）

## 107. 为什么北方秸秆还田配合有机肥施用效果好？

秸秆还田是北方粮田培肥土壤的主要技术之一，秸秆含有大量的氮、磷、钾养分和有机质含量，可以补充土壤大量的养分以及增加土壤有机质含量，提高土壤生物活力。土壤微生物最适宜的碳氮比为25：1左右，但是秸秆碳氮比一般在40：1左右，单独使用秸秆会抑制微生物活性，而有机肥碳氮比一般在20：1以下适合微生物活动，特别是有机肥含有大量的有益微生物能促进有机物质分解，因此秸秆还田与有机肥配施，碳氮比例适中，微生物活性强，利于秸秆的快速分解，从而有利于提高土壤质量。（赵

永志、贾小红、徐明岗）

秸秆深层还田配合有机肥促进秸秆腐解培肥土壤模式（照片：张佳宝）

## 108. 为什么要推广绿肥？

　　绿肥在我国具有悠久的栽培历史，早在公元前，我国就有关于利用栽培作物作绿肥的记载。在化肥工业前，农业生产中施用的肥料主要是农家肥和绿肥。近年来，我国化肥施用量越来越大，氮、磷、钾养分比例不平衡，有机肥投入严重不足，造成耕地质量和农产品品质下降，生态环境恶化等一系列严重问题。绿肥与化肥相比，它既可以全面提供作物养分，而且增加土壤中的有机质含量，改善土壤理化性状，培肥土壤，提高耕地质量。和有机肥相比，它不含激素、抗生素、病菌等有害物质，是最清洁的、纯天然的优质有机肥料。推广种植利用绿肥不仅能提高作物产量，生产优质、安全的农产品，而且是合理用地养地、轮作倒茬的重要措施；绿肥能有效覆盖裸露土壤，大幅度减少水土流失，抑制风沙扬尘，改善生态环境；种植绿肥相应减少化肥施用，有显著节能减耗作用；绿肥特别是豆科绿肥具有固氮作用，能减少二氧化碳排放；大多数绿肥都是优质饲草，能同时促进畜牧业、养蜂业的发展。因

此，推广绿肥不仅具有传统意义培肥作用，而且还有美化环境为人们提供休闲环境的功能。（赵永志、梁金凤）

绿肥紫云英翻压培肥土壤（摄影：高菊生）

## 109. 北方主要绿肥品种有哪些？

我国绿肥资源十分丰富，按照植物学特性划分，一般可分为豆科、非豆科两种绿肥。传统绿肥多以豆科绿肥为主。生产中常用的有4科20属26种，约有500多个品种。其中，北方主要绿肥品

北方主要绿肥——毛苕子（摄影：徐明岗）

种有豆科的三叶草、毛叶苕子、紫花苜蓿、草木犀、田菁、沙打旺、箭筈豌豆、小冠花、绿豆、豌豆等；十字花科的有二月兰、冬油菜；禾本科的有黑麦草、鼠茅草、早熟禾等；苋科的有苋菜、菊苣等近20个品种。（赵永志、梁金风）

## 110. 北方主要绿肥栽培技术要点是什么？

（1）选择适宜当地品种。不同绿肥品种的生长期和抗逆能力，以及对土壤条件的要求不同，因此，要选择适宜当地的绿肥品种。北方冬绿肥应选择越冬性强的品种。

（2）掌握适时播种。播种日期应根据当地条件和绿肥作物的特性来决定，最可靠的办法是通过试验，选择最好的播种期。夏季绿肥一般在5~8月播种，冬季绿肥宜在8~9月播种。

（3）掌握适宜播量。绿肥播种量应根据品种、不同地势、土壤条件和播种早迟而定，一般禾本科绿肥每亩用1.5~2.5千克，豆科绿肥0.5~1.0千克，十字花科绿肥1.5~2.0千克。

（4）选择适宜播种方式。绿肥播种以条播或撒播为主，春季适宜条播，播前需精细整地，行距一般为15~30厘米，播种深度及覆土厚度应根据种子大小及土壤墒情决定，一般2~3厘米。秋季适宜撒播，撒施后覆土即可。条播比撒播可节约种子1/3左右。若土壤墒情不足，播后需浇水一次，不适于大水漫灌，以喷灌、滴灌为佳。

（5）田间管理。若不追求鲜草产量，一般不需要施肥、浇水，但施肥、浇水可大幅度提高鲜草产量。若施肥要在绿肥的生长期，每年1~2次，主要以氮肥为主，撒施或叶片喷施均可。每年施氮肥10~20千克/亩。豆科作物可以少施氮肥，但要适当增加磷肥施用。

（6）注意翻压质量。翻压应选择在绿肥产量较高、养分积累较多时进行。翻压的数量并不是越多越好，一般每亩1 500~2 000千克较为合理。翻压深度一般为15~20厘米为宜，翻压后应及时灌水，提高绿肥的转化率。

（7）及时刈割。根据生长情况要及时刈割。在种植当年最初几个月最好不割，待根扎稳、高约30厘米的时候再开始刈割。刈割后草的高度为10厘米左右，全年刈割3~5次，草生长快的刈割次数多，反之则少。（赵永志、梁金凤）

玉米—二月兰间套作（摄影：梁金凤）

## 111. 南方主要绿肥品种有哪些?

南方地区适用的绿肥种类有紫云英、苕子、绿萍、肥田萝卜、蚕豆等。

紫云英，又名红花草，属于豆科作物，是含有机质相当丰富的肥料。对土壤要求不严，在疏松、肥沃湿润的壤质土上生长较好。紫云英绿肥含氮量0.48%（即50千克紫云英鲜草含氮量0.24千克，相当于尿素1.043千克），含磷量0.11%，含钾量0.24%。

苕子，又名巢菜，一年生或越年生叶卷须攀援性草本植物。适合种在荒坡、荒地上，对改良低产土壤、荒坡修复作用大。苕子适应性广，在我国各地均有种植。苕子绿肥含氮量 0.56%，含磷量0.12%，含钾量0.46%。

绿萍，又名满江红，是一种蕨类植物。它能在河、湖、塘等自然水面或水田中放养，是繁殖快、固氮能力强的重要水生绿肥。绿萍绿肥含氮量 0.2%，含磷量0.02%，含钾量0.12%。（赵永志、张梦佳）

紫云英和肥田萝卜（摄影：黄铁平）

## 112. 南方主要绿肥栽培技术要点是什么？

紫云英栽培技术要点：①紫云英播种前最好经盐水选种和擦种，拌根瘤菌和磷肥后播种；②要注意防渍防旱和防治病虫害；③近年来各地推广紫云英旱地留种，既有利于旱稻增产，且旱地排水良好，紫云英结荚多，病虫害少，籽粒饱满，产量高。

苕子栽培技术要点：①南方宜用耐湿性好、生育期短、抗逆性相对较差的蓝花苕子；②苕子在播种前可用60℃温水浸种，以利吸水发芽，播种时用磷肥作基肥和种肥；③苕子生长忌渍水，注意排灌；④可利用高秆作物做支架，防止营养体生长过旺落花落荚，以提高产种量。

绿萍栽培技术要点：①绿萍生产中需要做好萍种的夏保萍和越冬保种两项工作；②施肥以磷为主，必要时增施少量钾或氮，配合钼、硼等，以提高萍体鲜重及增加固氮量；③为避免放萍影响水稻生长，需培育壮秧。（赵永志、贾小红）

南方冬闲稻田主要绿肥——紫云英（摄影：高菊生）

## 113. 什么是土壤剖面？

土壤剖面是指从地面垂直向下至母质层的土壤三维实体的垂直切面，其深度一般是指达到基岩或达到地表沉积体的一定深度。为了研究土壤形态和发育特征，需要挖开土壤的垂直切面，观测土壤剖面的形态特征，各土层的发育状况及其排列构型，并分别观测各土层的物理、化学、生物学及矿物学特性，从而判断土壤的形成与发育过程和土壤肥力。因修路、开矿或兴修水利设施等人为活动而造成的土壤垂直断面称为自然剖面。根据土壤调查的需要，人工挖掘而成的新鲜剖面称为人工剖面。

土壤剖面一般通过在野外选择典型地段挖掘土坑来观察，土

坑大小自然土壤要求长2米、宽1米、深2米（或达到地下水层，土层薄的土壤要求挖到基岩），一般耕种土壤长1.5米、宽0.8米、深1米。土壤剖面一般都表现出一定程度的水平发生层状构造，在野外以其颜色、质地、结构及松紧度、新生体等区分。层状结构为其最重要特征，是土壤形成及其物质迁移、转化和累积的表现。一般划分3个最基本层次：①表土层（A层），为有机质积聚层和物质淋溶层；②心土层（B层），为淋溶物质淀积层；③底土层（C层），又称母质层。（王碧胜、武雪萍）

江西进贤旱地红壤剖面（左）（摄影：张丽敏）
广东潮泥地土壤剖面（右）（摄影：钟继洪）

## 114. 什么是耕层？

耕层指经耕种熟化的表土层，一般厚15～20厘米，养分含量比较丰富，作物根系最为密集，呈粒状、团粒状或碎块状结构。耕作层常受农事活动干扰和外界自然因素的影响，其水分物理性

质和速效养分含量的季节性变化较大。要获得作物高产，必须注重保护与培肥耕作层。（王碧胜、武雪萍）

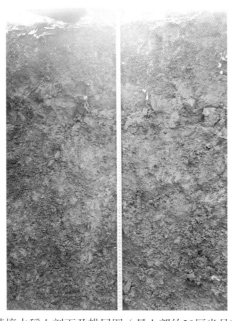

贵州黄壤水稻土剖面及耕层图（最上部约20厘米具有较均匀土粒结构的层次是耕层）（摄影：张丽敏）

## 115. 土壤耕层为什么会变浅?

　　由于不合理的农事操作、农业集约化程度的增加、长期大量施用化肥等，使土壤耕层变浅和土地退化日趋严重。一方面，农民为了追求高产与高收益，片面强调高产作物和经济作物的种植及化肥的增产作用，忽视增施有机肥、秸秆还田和合理轮作等"养地"措施，重用轻养，造成耕层土壤结构变差、蓄水保墒功能下降；另一方面，由于生产中大型耕作机械逐渐为中、小型耕作机械替代，耕作粗放，以旋代耕等耕地措施逐渐普及，造成土

104

壤耕层变浅，犁底层变硬、厚度增加，表层土壤水分蒸发迅速，引起作物根系发育不良、下扎困难，很难汲取到充足的营养。（李玲）

 **土壤需要深耕还是浅耕?**

按耕地深度不同，通常分为浅耕（<18厘米）、一般（18~22厘米）、深耕（>22厘米）。具体应视植物种类、耕地时间、土壤特性、气候条件等而确定。一般深根植物、秋冬耕、黏土、土质上下一致、旱田等宜深耕；反之宜浅耕。一般春耕多在15厘米左右，秋播地一般在20厘米左右，冬闲地一般在20~30厘米，甚至可加深到30厘米以上，但要注意逐年加深或采用套耕的方法。深耕具有翻土、松土、混土、碎土的作用，合理深耕能显著促进增产。增产的原因是：①疏松土壤，加厚耕层，改善土壤的水、气、热状况；②熟化土壤，改善土壤营养条件，提高土壤的有效肥力；③建立良好土壤构造，提高作物产量；④消除杂草，防治病虫害。（申艳）

 **如何培育良好的耕层?**

改善土壤耕层可从以下几个方面进行：

（1）增施有机肥。有机肥料中含有大量的有机质，经转化形成腐殖质。施用有机肥可以克服沙土过沙，黏土过黏的缺点；有机肥在提供养分的同时，还可以改善土壤结构状况，使土壤松紧程度、孔隙状况、吸收性能等方面得到改善，从而提高土壤肥力。

（2）合理耕作。土壤耕作的核心任务是通过农具的物理机械作用创造一个良好的耕层构造和适宜的孔隙比例，以调节土壤水分和空气状况，从而协调土壤中水、肥、气、热等肥力因素之间的矛盾，为作物播种、出苗、根系生长创造一个松、净、暖、平、肥的土壤环境。

（3）秸秆还田。秸秆还田可以增加土壤中的有机质含量和各种养分含量，改善土壤结构，使土壤疏松，孔隙度增加，容重减轻，促进微生物活力和作物根系的发育，培肥地力，提高土壤保水保肥能力，是培育良好耕层的重要措施。（王碧胜、武雪萍）

实施有机质提升技术熟化培肥耕层（照片：武雪萍）

## 118. 什么是犁底层？

犁底层又称"亚表土层"，是位于耕作层以下较为紧实的土层，由于长期耕作经常受到农具耕犁压实和降水时黏粒随水沉积所致。一般离地表12～18厘米，厚约5～7厘米，最厚可达到20厘米。（王碧胜、武雪萍）

犁底层

华北旱地土壤犁底层（照片：武雪萍）

## 119. 犁底层有什么作用？

　　犁底层隔开了耕层与心土层之间的水肥流通，对耕作土壤来说，具有不太厚的犁底层对于保持养分，保存水分还是有益的。对于薄层土、砂砾底易漏土壤来说，犁底层有保水、保肥、减少渗漏的作用。在地势较高、土壤质地不黏或偏沙性，犁底层可防止漏水和避免养分淋洗的损失。在低湿地、黏质土壤或老稻田，犁底层厚而且更加紧实，有利于阻止水分的下渗。

　　犁底层往往容重较大，较大的孔隙较少，造成土壤通气性差，透水性不良，根系下扎困难。因此，如果犁底层过厚（超过20厘米）、坚实，对水分和养分的传递，作物根系下伸，通气透水都非常不利，这种情况必须采取深翻或深松的办法，改造犁底层。（王碧胜、武雪萍）

## 120. 如何判断土壤犁底层的好坏？

　　犁底层是由于土壤长期耕作，经常受到犁的挤压和降水时黏粒随水沉积所致。对耕作土壤来说，具有不太厚的犁底层（小于10厘米）对保持养分、水分是非常有益的。但是犁底层过厚（超过20厘米）、坚实，对养分物质的转移和能量的传递、作物根系下伸、通气透水非常不利。在田间判断犁底层时，通常挖一个深约50厘米的洞，观察亚表土与上层表土结构孔隙等，如下图所示特征，可以判断犁底层的存在状况。（付海美）

良好
无犁底层，贯穿于表层土有松散清晰的表观结构和土壤孔隙

中等
耕层底层适度发育的犁底层，有清晰的压实层，包括发育较弱的结构、裂缝、裂纹、少量的微孔隙

差
耕层底层发育成熟的犁底层，严重压实，没有土壤结构，没有大孔隙，几乎没有裂隙

## 121. 什么是土壤板结？

　　土壤板结是由于不合理的灌溉、施肥等农田管理措施，原来疏松透气的团粒被破坏成比较细小的颗粒，导致土壤表层缺乏有机质，结构被破坏，土壤紧实度增加，土面变硬的现象。土壤板

结后，在干旱时，其表面常出现一条条裂缝，像大地的一条条伤疤。土壤板结不仅会影响土壤的透气透水特性，还会阻碍作物的出苗，最终影响产量。

土壤板结已成为农业生产的主要障碍之一，严重地区每年造成减产损失达5%～10%，个别地块甚至造成绝收或弃耕。

造成土壤板结的因素是多方面的。农田土壤质地太黏，有机肥不足，秸秆还田量减少，长期单一地施用化肥，镇压等农耕措施，暴雨后土壤团聚体受到破坏等都可能造成土壤板结。（李景、武雪萍）

大水漫灌易破坏土壤团聚体从而造成土壤板结（照片：魏丹）

## 122. 如何防治土壤板结？

防治土壤板结常用以下几种方法：

（1）实施保护性耕作技术。保护性耕作技术具有改善土壤结构、增加土壤有机质、防治土壤板结的作用。

（2）增施有机肥。增施有机肥，可改善土壤结构，从而防止土壤板结。

（3）秸秆还田。秸秆粉碎还田可提高土壤有机质含量，增加土壤孔隙度，协调土壤中的水肥气热，改善土壤理化性状。

（4）适度深耕。运用大型拖拉机进行深松整地，当深松深度达到30厘米以上时，可打破犁底层，改善耕层构造。

（5）合理灌溉。大水漫灌由于冲刷大，对土壤结构破坏最为明显，易造成土壤板结，沟灌、滴灌、渗灌等较为理想，沟灌后应及时疏松表土，防止板结，恢复土壤结构。

（6）施用土壤结构调理剂。施用土壤结构改良剂可以打破土壤板结，疏松土壤，改善土壤的通气状况。

（7）晒垡和冻垡。对土壤进行晒垡和冻垡，可充分利用干湿交替和冻融交替对土壤结构形成的作用，熟化土壤，防止板结。（李景、武雪萍）

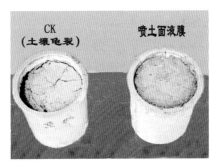

喷施液膜调理剂可以防治土壤板结（照片：武雪萍）

推行微灌技术，避免大水漫灌引起土壤板结（照片：武雪萍）

## 123. 土壤板结和土壤压实是一回事吗?

土壤板结和土壤压实并不是一回事。土壤板结是肥力低的土壤在干燥后受内聚力作用使土面变硬的现象，土壤板结会影响土壤的透气透水特性，阻碍作物的出苗。2000年欧洲环境署将土壤压实定义为：由于施加载重、振动或压力而导致土壤密度增加和土壤孔隙率降低。许多人类活动都可能导致土壤压实，如道路路基的稳定、森林采伐及林木堆放、旅游开发、农业机械化操作、过度放牧等。

土壤被压实后，土壤孔隙度减小，容积密度增加，土壤透气性、水分渗透性减小，植物根系的穿透性阻力增大；压实也导致了土壤中矿物质与水的接触面积减小，影响土壤有机物质的矿化作用，养分离子的团流和扩散运动减弱；土壤压实也会减少植物细根数量，使菌根菌丝的存在和分解者的有益活动受抑制，从而影响了养分循环的速率，造成土壤有效水分、养分供应能力减弱。（李景、武雪萍）

## 124. 什么叫保护性耕作?

保护性耕作是指能够保持水土、培肥地力和保护生态环境的耕作措施与技术体系。保护性耕作以秸秆覆盖和少耕、免耕、深松为中心内容，目的是通过减少对土壤的耕种次数、实行地表覆盖、合理耕作，达到保水、保土、保肥、抗旱增产、节本增效、改善生态的目的。农业部要求"保护性耕作的秸秆覆盖量不低于秸秆总量的30%，留茬覆盖高度不低于秸秆高度的 1/3"（农业部《保护性耕作实施要点》）。保护性耕作的核心技术主要包括三类：一是以改变微地形为主的等高耕作、沟垄耕作等技术；二是改变土壤物理性状为主的少耕、深松、免耕等技术；三是以增加地面覆盖为主的秸秆覆盖、留茬或残茬覆盖等技术。

　　保护性耕作以保护生态环境、促进农田可持续利用和节本增效为目标，具有保护农田、减少扬尘、抗旱节水、培肥地力、提高单产、降低成本、增加收入、促进农业可持续发展等多种作用。（李景、武雪萍）

春玉米（左）和冬小麦保护性耕作（右）（照片：武雪萍）

## 125. 保护性耕作在中国应用如何？

　　我国自20世纪60年代开始进行保护性耕作试验研究，经过多年的努力，开发研制出了多种适合中国国情的中小型保护性耕作配套机具，在保护性耕作技术的试验、示范、推广上取得了突破性进展。实践表明，保护性耕作适合中国国情，具有显著的保土、保水、增强土壤肥力，改善土壤结构，抑制农田地表扬尘，降低农业生产成本和增加农民收入等优点。从2002年起农业部启动"保护性耕作示范工程"项目，以旱作地区为重点在全国大力推广保护性耕作技术，至2014年全国保护性耕作技术应用面积超过1.2亿亩，产生了巨大的经济、社会和生态效益。十几年间，我国保护性耕作实现了阶段性跨越，成效显著。推广面积快速增长，应用范围持续扩大，实现了由北方旱作区为主向南方地区，由玉米、小麦为主向水稻、油菜、马铃薯等多种作物的拓展。保

护性耕作机具种类大幅度增加，作业质量明显提高，新型稻作技术、大豆免耕播种技术日益成熟。（李景、武雪萍）

## 126. 世界上保护性耕作趋势何在？

保护性耕作技术自20世纪30年代美国发生"黑风暴"之后迅速兴起，至今已经成为发达国家现代可持续发展农业模式的主导性技术。美国、加拿大、澳大利亚、巴西、阿根廷等国应用面积已占本国耕地面积的40%～70%；世界各国应用面积总和约占全球耕地面积的11%以上。

当前国际保护性耕作发展呈现以下趋势：①由以研制少免耕机具为主向农艺农机结合并突出农艺措施的方向发展。目前保护性耕作技术在发展农机具的基础上重点开展施肥技术等农艺农机相结合综合技术。②保护性耕作技术由以生态脆弱区应用为主向更广大农区应用发展。保护性耕作技术起源于草原区，目的主要是减少耕作对土层的干扰。目前已经推广到广大农田，其培肥地力、保持水土等优点也更受关注。③保护性耕作技术由不规范逐步向规范化、标准化方向发展。发达国家已将保护性耕作技术与农产品质量安全、有机农业形成一体化，提高了保护性耕作技术的规范化和标准化要求。④由单纯的土壤耕作技术向综合性可持续技术方向发展。保护性耕作已经发展成为保护农田水土、减少能源消耗、抑制土壤盐渍化等领域的综合保护性技术。（文字来源：李安宁等，2006）（李景、武雪萍）

## 127. 什么是土壤深松，对提升土壤肥力有何作用？

深松是疏松土层而不翻转土层，保持原土层不乱的一种土壤耕作法，是使用拖拉机等动力机械配带深松机进行农田作业的一种方式。传统的翻耕造成地表裸露、耕层结构疏松、犁底层坚实、地表易板结、土壤潜在肥力降低，并易引起水土流失和沙尘飞扬。深松相对于传统翻耕，疏松土层而不翻转土层，并形成行与行间虚实并存的土壤结构。耕层中"虚"的部位蓄纳雨水，通气性好，好气性微生物活动旺盛，有利于分解有机物质，增加土壤有效养分含量；行间"实"的部分，土壤密实，通气性差，土壤中的微生物在嫌气条件下，能将土壤中的有机质转变成土壤腐殖质，提高土壤的潜在肥力，并且密实的土壤结构有利于提墒，促进作物根系发育。虚实并存的土壤结构，使养分释放与保存的矛盾得以解决。另外，深松不翻动土壤，可保持地表作物残茬留在地表，既能增强土壤的贮水保墒性能，又能保护地面，避免风蚀水蚀，保持水土，也能减少因翻地使土壤裸露造成的扬沙和浮尘天气。（李景、武雪萍）

黑龙江使用的土壤深松犁（摄影：徐明岗）

##  什么是连作和间作?

连作是指一年内或多年在同一块田地上连续种植同一种作物

的种植方式。如：我国南方在粮食作物种植上采取的是连作制，每年种完早稻种晚稻。在一定条件下，采用连作可以充分利用当地的气候、土壤等优势资源，生产一些国民经济需求量大的作物（如粮、棉、糖），而且通过连续的种植，生产者也较易掌握某一特定作物的栽培技术。所以我们在种植过程中可以通过采用化学技术、选择耐连作的新品种、合理施肥、精耕细作、推广应用新技术等方法减轻连作障碍，将连作技术更好地运用到农业生产中。

间作是指在同一田地上于同一生长期内，分行或分带相间种植两种或两种以上作物的种植方式。分带相间种植称为带状间

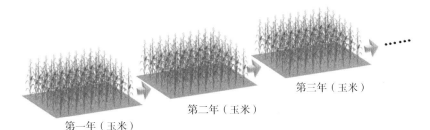

第三年（玉米）

第二年（玉米）

第一年（玉米）

连作示意图（绘图：邱梅杰）

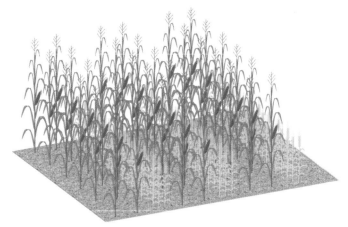

间作示意图（绘图：邱梅杰）

作，即各间作作物由多行组成一带相间种植。分行相间种植的方式也称之为行间作。两种作物不一定同时种、同时收，但间作条件下两种作物一般具有较长的共同生长期。间作是我国农业遗产的重要组成部分，早在公元6世纪《齐民要术》中，记述了桑园间作绿豆、小豆、谷子等豆科和非豆科作物。间混套作在世界上广泛应用，是亚洲、非洲和南美洲传统盛行的种植制度。（邱梅杰、张炜平、李隆）

## 129. 什么是重茬和迎茬?

茬口是指作物收获后的土壤，通常会给后茬作物留下种种影响。重茬是指在同一块田地上连续种植同一种作物，如大豆—大豆—大豆—大豆，第三年及以后仍种大豆即为重茬大豆。迎茬是指在同一块田地上隔一年或一茬再种植相同的作物，如大豆—玉米—大豆，最后的大豆为迎茬大豆。

重茬种植是提高有限耕地利用率的有效措施之一，然而，由

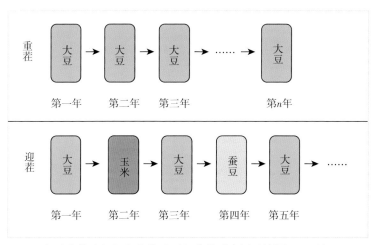

大豆重茬（上）和迎茬（下）种植示意图（绘图：王雨）

于同一地块上连续种植同一作物，易产生病害，包括因连作而导致土壤营养物质不平衡等原因引起的生理性病害以及因病原菌发生严重而导致的病理性病害。重茬病害是一个复杂又难以解决的历史性问题，是国内外农业发展中急需克服的难点。迎茬也会导致作物大面积减产，主要是由于根部病虫害、根际土壤的不良变化、根际共生固氮系统的破坏等原因造成的。（王雨、张炜平、李隆）

116　**130.** **为什么要轮作？**

轮作是在同一田地上，在一定时间内，按照作物的特性，有顺序的轮换种植不同作物的种植方式。在16～17世纪，西欧盛行三圃轮作制，在我国，北魏《齐民要术》中有"谷田必须岁易""麻欲得良田，不用故墟"，可见当时人们已经开始重视轮作。长期以来，我国各地都广泛实行多种多样的轮作方式，如北方一直流传的"倒茬如上粪""三年两头倒，地肥人吃饱"，南方流传的"年花，年稻，眉开眼笑"等，可见轮作在农业生产中一直发挥着积极的作用。

轮作是人类在长期的生产实践中探索出来的既能用地又能养地的耕地利用方式，被世界各国广泛采用。轮作具有以下优点：①可以调节土壤肥力状况。不同作物的生物学特性不同，从土壤中吸收的养分种类、数量、时期和利用效率也不同，将营养生态位不同而又具互补作用的作物进行合理轮作，可以协调养分供应，均衡地利用土壤中的各种养分。②可以改善土壤化学性状。不同作物的秸秆、残茬、根系、落叶可以补充土壤有机质和养分，调节土壤有机质状况，改善土壤生态环境和化学性状。③可以改变土壤结构，不同作物覆盖度不同，根系发育特点和管理措施也不同，因而对土壤结构、耕层构造带来不同影响，从而改善土壤物理性状，调节土壤肥力，保持土地生产力。④减轻病虫危害。轮作通过改变作物种类和栽培管理措施，可使病原菌和害虫的寄主发生变化，改变生态环境和食物链组成，从而减轻病害，提高产量。⑤可以防除和减轻田间杂草危害。⑥合理利用农业资源。

合理的作物搭配，既有利于充分利用土地、自然降水和光、热等自然资源，又有利于合理使用机具、肥料、农药、灌溉用水、资金等社会资源。实行轮作制度，既有利于发挥轮作增产的作用，促进多种经营，还可以改善农田的生物多样性，提高农田生态系统的稳定性，促进对农业资源的合理利用。（邱梅杰、张炜平、李隆）

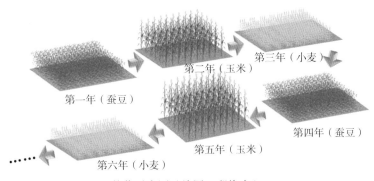

第二年（玉米）　第三年（小麦）

第一年（蚕豆）

第四年（蚕豆）

第五年（玉米）

第六年（小麦）

轮作示意图（绘图：邱梅杰）

## 131. 为什么要间套作？

"民以食为天，食以粮为源"，在中国这样一个耕地、水、营养等资源日益匮乏，环境污染加剧，人口密度却持续增加的资源约束型国家，人们对粮食的需求尤为迫切。努力开发有限土地资源的生产潜力，试图建立一个对环境友好、经济可行的农业可持续发展模式，实现粮食增产以达到自给自足的目标，是我们目前面临的一个巨大挑战。间套作就是能够缓解和克服人口、土地、粮食间矛盾的一项切实可行的生产措施。

有着上千年悠久历史的间套作，有着以下优点：①能够显著提高作物的产量，产生明显的经济效益；②有效提高光、热、水、土资源利用率；③改善土壤肥力，防止水土流失；④控制病虫草害，减少化学农药的使用量；⑤增强农作物对旱涝灾害、冻害等自然灾害的抗逆能力等。由于这些优势，间套作在世界范围内广泛应用，如今仍然是我国农业生产中一项十分重要的种植措施。

当然，间套作也有一些缺点。由于用于播种、除草、施肥和收获时的农用机械大都适用于统一的大规模单作田地，因此间套作的机械化程度较低，大规模的间套作田则需要大量的劳动力。这是在劳动力稀缺地区广泛推广间套作的一个主要限制因子。

（王雨、武进普、张炜平、李隆）

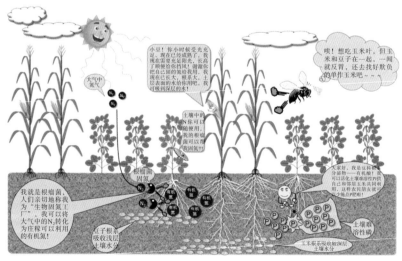

玉米与豆科作物间作互惠过程示意图（绘图：武进普）

**英国170年的轮作长期试验对我们的启示是什么？**

英国洛桑试验站创建于1843年，2002年更名为洛桑研究所有限公司，迄今为止，已有170多年的历史，是世界上最古老的农业试验站，也是英国最大的农业研究中心，又被称为"现代农业科学发源地"。其在土地可持续管理和环境影响的研究方面具有重要的国际影响。试验站170年的轮作长期试验对现代科学研究有着重要启示。

（1）研究有机和无机肥料对作物产量影响的经典田间试验。与不施肥相比，施肥后小麦增产明显，合理施用化学肥料可以获得与有机肥同样的产量。从长期检测数据来看，也反映了过去一个多世纪的农业发展史，研究清楚地显示了肥料、育种、轮作和植保对小麦产量的重要贡献。

（2）土壤有机碳水平反映土壤肥力高低，对全球碳循环至关重要。与不施肥相比，长期施用化肥促进作物生长，进入土壤中的作物根系相应增加，进而增加土壤碳固存。土壤有机碳并非随着施肥无限制增加，当投入与分解平衡时，会逐渐达到一个新的平衡状态。

（3）肥料施用不当会带来诸多环境问题。当氮肥施用量超过最佳经济投入量时，主要通过硝酸盐途径淋失，且淋失量随施氮量的增加而增加。虽然磷肥易被土壤固定，但过量施用磷肥后，从土壤淋失的磷进入水体容易引发富营养化，污染地下水。所以维持土壤氮、磷平衡，保证作物高产，减轻环境风险，是养分管理的重要目标。

（4）生物多样性增加生态系统稳定性和服务功能。长期施肥导致土壤酸化，降低物种多样性，尤其铵态氮肥施用造成的降低更明显。要恢复植物物种多样性，关键是降低土壤氮、磷养分有

效性和防止土壤过度酸化。（改编自赵方杰，2012）（李小飞、张炜平、李隆）

## 133. 什么是连作障碍？

同一块土地连续或频繁种植同一植物或近缘植物后，即使在正常管理的情况下，依然会造成植物生长发育不良、产量下降、病虫害严重、品质变劣等问题，出现死秧缺株减产甚至绝产的现象，称为连作障碍。欧美国家则称这类现象为再植问题或再植病害，日本称之为忌地现象。

连作条件下，植物因生长发育受到影响而导致减产。北方的主要粮食作物小麦，若连作则减产50%以上，即使充分施肥也无济

单作蚕豆和鹰嘴豆连作障碍（左）与间作减轻其连作障碍（右）

对比照片（甘肃靖远）（摄影：董楠）

于事；大豆的产量同样因连作障碍而降低一半。连作除造成植物减产外，也可降低其品质。黄瓜的维生素C和可溶性固形物的含量随连作年限的延长而呈现下降趋势，而硝酸盐含量则逐年上升。经济作物的连作障碍已成为限制其集约化生产的主要原因。例如枸杞连作会造成植株枯死，严重影响枸杞的产量和品质。还有一些重要经济作物如棉花、蔬菜、烟草、油料、茶叶、中药材忌连作。

连作障碍导致植物减产减收，甚至绝收，严重阻碍和制约了我国现代农业可持续发展的进程。因此，加大对作物连作障碍的研究力度，减轻甚至避免连作障碍，对全球农业健康稳定发展有着非常重要的社会、经济和生态意义。（董楠、张炜平）

## 134. 生物有机肥能减轻连作障碍吗？

生物有机肥不同于传统仅经过自然发酵制成的有机肥，其中除有机质（动植物残体）外，还含有具备特定功能的微生物。这些微生物多是有益微生物，而有机质为这些有益微生物提供了能量，二者相得益彰。在还没有发生枯萎病的土壤上，长期坚持施用预防土传枯萎病的生物有机肥，就能够提高土壤养分有效性并有效防控或延迟土传枯萎病的发生，从而达到提高作物产量和降低部分病虫害的作用。从某种程度上来讲，生物有机肥就是微生物有机肥。

我们已经了解到，作物连作障碍的发生主要是由土传病害导致的，土壤中的有益微生物被有害微生物取代。传统防治方法多以物理和化学方法防治，费时费力，还有副作用。现在我们有了生物有机肥，它能否减轻连作障碍呢？答案是可以，若生物有机肥中的"微生物武器"选择正确，施用合理，那么施入土壤的有益微生物就可以对土著病原菌"发动战争"，且打击效果非常显著，能够在很大程度上减轻黄瓜、西瓜、烟草等经济作物的连作障碍。以黄瓜为例（黄瓜连作障碍的罪魁祸首是枯萎病），施用生物有机肥后，有益微生物一旦成为根层土壤的优势群落，就能分泌数量足够且有益于植物生长的次生代谢物质（如植物激素），在植物根系表面形成有效的"生物防御层"，抑制病原菌生长，从而使枯萎病的发病率降低80%，产量提高2.5倍。（于瑞鹏、李隆）

相比未施用生物有机肥（左），施用生物有机肥后（右）

能够显著减轻黄瓜连作障碍

（图片来源：南京农业大学有机肥研究团队）

## 135. 土壤消毒能防止连作障碍吗？

随着耕作制度的改革，高附加值作物（花、水果、蔬菜等投入产出较高的作物）种植面积不断加大。但连年栽培，缺乏轮作种植，提供了土壤中病虫害发生的场所和环境，如镰刀菌、疫霉菌等真菌，欧氏杆菌、青枯劳尔氏菌等细菌，金针虫、蛴螬等土中害虫及多种土传病害等在土壤中可长期生存，成为土壤病虫害的侵染来源。

土壤消毒是通过向土壤中施用化学农药，以杀灭其中真菌、细菌、线虫、杂草、土传病毒、地下害虫、啮齿动物等有害生物的现象，具有高效快速的特点。土壤消毒一般在作物播种前进行，除施用化学农药外，利用干热或蒸汽也可进行土壤消毒。土壤消毒的方法很多，主要分为石灰消毒法、高温消毒法、热水消毒法、太阳能消毒法、药物消毒法，此外还有火焰消毒技术、蒸汽消毒技术、生物熏蒸技术等。土壤消毒是克服番茄枯萎病、茄科蔬菜青枯病、瓜类枯萎病和疫病等蔬菜连作障碍的重要措施之一，适用方法主要有石灰消毒、高温消毒、热水消毒、太阳能消毒、药物消毒等。（田秀丽、张炜平）

## 136. 为什么西瓜接种能防治其连作障碍？

西瓜种植是当前我国农民脱贫致富的主要途径之一。然而，西瓜是一种忌连作的作物，若多年连茬种植，易产生连作障碍。引发土壤连作障碍的一个主要诱因是：农作物连茬种植，会引起土壤中的微生物区系异常，土壤原有的微生物生态平衡遭到破坏，导致作物土传病害发生加重。

接种，顾名思义，注射疫苗以预防疾病。其微生物学术语则是：按无菌操作技术要求将目的微生物移接到培养基质中的过程。也就是说，遵循"防为先，治在后"的原则，因地制宜，选择适宜的菌剂，将西瓜籽拌菌或菌剂拌土，在根区土壤中接种。

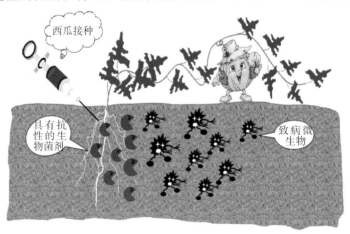

西瓜接种防治连作障碍示意图（绘图：武进普）

具体方法：在西瓜苗侧边用小棍垂直打洞，将菌剂灌入，浇水。这样可以有效维持瓜田土壤原有微生物生态平衡，改善并调节适于西瓜根系健康生长的土壤微环境，抑制土传病害发生，进而可以一定程度上防治或缓和西瓜在其生产过程中所出现的连作障碍。（武进普、张炜平、李隆）

 **137.** 如何防治大豆连作障碍？

大豆连作障碍是东北地区生产中一个严重的问题。重迎茬大豆产量降低、品质变差。重迎茬可导致土壤养分消耗失衡、土壤理化性质恶化、病虫草害加重、根际有益微生物减少、有害微生物增加。重迎茬大豆植株生长矮小、病虫害加重，大豆连作障碍的防治措施主要包括：选用抗性品种、改变种植模式、生物农药和合理的土壤管理等。

（1）优良的品种是提高农作物产品和品质的先决条件。因此，东北大豆在品种选育上可以选育抗病和抗自毒品种，例如"吉育89""吉育101""长农13""长农16""九丰6号"和"红丰11号"等东北地区适用大豆新品种。

（2）目前普遍认为轮间套作制度是克服连作障碍的最有效措施之一。在选择轮作或间作套种时要注意避免选择相同品种，例如大豆和豆类轮作就不是很好的选择。

（3）从土壤生态调控措施方面考虑，客土和换土是解决根本问题的方法，但是随着劳动力成本的增加，这个方法较难实施。科学合理施用肥料，特别是测土配方施肥确定肥料种类和数量，可减少土壤障碍。

（4）此外，针对土壤连作障碍的生物因素也可通过残茬处理、生物农药和土壤消毒等方法缓解。（章芳芳、张炜平、李隆）

大豆连作障碍（左）和间作对大豆连作障碍的改善作用（右）

（摄影：李隆）

## 138. 盐碱地里能种水稻吗？

答案是肯定的。海水稻是在沿海滩涂的海水生长的水稻。一种可以在沿海滩涂和盐碱地上生长的水稻新品种——"海稻86"，试验推广成功，平均亩产达到150千克以上。经过三十多年试种，"海稻86"具有良好的抗盐碱、耐淹等诸多特点，它在pH9.3以下，或含盐量千分之六以下的海水中都会生长良好。我国盐碱地总面积约15亿亩，其中有2亿亩具备种植水稻潜力，如果都能种上海水稻，按照目前的产量150千克计算，每年能多收入300亿千克粮食。这对于我国粮食安全意义重大。（李玲）

## 139. 田间杂草一定要全部去除吗？

杂草作为农田生态系统的重要组成部分，是长期适应气候、土壤等因素及作物长期竞争的结果。为了提高作物产量，人们一直努力将杂草从农业生态系统中清除出去。但是近来越来越多的研究认为，保持杂草生物多样性对于促进土壤养分循环，维持土壤动物、微生物，减少土壤流失、酸化，维持正常生态功能具有重要作用。特别是，冬春季节田间杂草保持一定的生物多样性不仅可为害虫的天敌提供栖息之所，还有利于土壤速效养分的转化和保持。因此，为了生态系统的稳定，田间杂草并不一定要全部清除。（李玲）

第三部分
CHAPTER 3

# 土壤生态功能及其保护

## 140. 如何理解土壤是生命体？

首先，土壤中存在数量巨大、具有生命活力的微生物和动物。土壤由于富含多种矿质养分和有机物质，因而成为许多生物的栖息地。土壤生物根据其个体大小，可分成三类：第一类，大型土壤动物，长度大于2毫米。这些动物如穴居的兔子、獾、蚂蚁、蚯蚓等，很容易被肉眼所见，进行的活动也较易观察。第二类，中型土壤动物，长度介于0.1~2毫米。这些动物相对较小，常见的有节肢动物等。它们在土壤中的数量较多，如1米$^2$的土壤中有超过20万只节肢动物。第三类，小型土壤动物和微生物，长度小于0.1毫米，通常要借助显微镜才能看清楚。小型土壤动物常见的有线虫和原生动物等；微生物则包括细菌、真菌和病毒。小型土壤动物的数量也很多，如1米$^2$的土壤中有$10^4$~$10^7$个原生动物；而微生物的数量更为巨大，1克土壤中就含有多达$10^9$个病毒、（4~20）×$10^9$个细菌、$6.9×10^6$~$2.1×10^9$个真菌。土壤微生物赋予了土壤以生机。

其次，土壤是有生命的主要表现在土壤生物的活性上，即土壤酶。土壤酶主要来源于土壤微生物、植物根系的分泌物及动植物残体。

最后，土壤中的各种生物之间、土壤生物与植物根系之间时刻都发生着密切的联系，在我们看不见的地下进行着各种生命活动，例如在土壤酶的作用下发生的土壤物质转化过程、植物对矿质养分的吸收等过程，都是在土壤微生物和土壤酶的驱动下进行的。同时，土壤生物还影响和决定着我们看得见的地上部的现象：如植物的生长、开花时间以及植物群落的形成等。（张林、冯固）

## 141. 土壤生物喜欢"吃"什么养分？

土壤中存在着大量的生命体，它们在进行着各种各样的生命活动。直接以残留物为食的土壤动物有蚂蚁和蚯蚓等。在土壤中不断蠕动的蚯蚓，通过吸取植物碎叶，经消化排出体外的粪便使土壤更肥沃。白蚁大多数聚居在森林中，靠吃死去的树木组织为生，因为白蚁胃中的原生物可以消化木材的纤维。其他土壤动物，如千足虫、螨、跳虫、土鳖等，咀嚼、磨碎那些被土壤微生物软化后的枯枝落叶，使细枝碎叶覆盖的面积扩大，又为微生物提供了一个更广阔的生存空间。细菌又以碎粒为食，吸收其中的糖分和淀粉，并释放二氧化碳，经土壤呼吸回到空气中，被植物吸收去进行光合作用。土壤动物吃剩的或细菌不能分解的物质都由真菌来完成最后的"清理"。真菌菌丝分泌的酶和酸能消化、分解残留物，最后吸收这些被预先消化和分解的物质。（邸佳颖）

## 142. 什么是土壤微生物？

微生物是指一切肉眼看不到或看不清楚的一群微小生物（直径小于0.1毫米）的总称，需要借助显微镜来观察。土壤微生物体积很小，但其表面积却很大。这个特征也是赋予微生物代谢快等特性的基础：①能快速转化土壤有机物。微生物通常具有极其高效的生物化学转化能力。②繁殖和生长代谢速率快。相比于大型动物，微生物具有极高的生长、代谢和繁殖速度。例如大肠杆菌能够在12.5～20分钟内繁殖1次。③代谢途径变异快，对环境适应性强。微生物结构简单、繁殖快、容易发生基因突变。很多微生物都拥有独特的生理特性，能够灵活地随着土壤环境条件的变化而调控自身的代谢过程，因而具有极强的适应能力。由于微生物具有这些特征，所以在各种极端土壤环境中都能找到它们的踪影。（杨志兰、冯固）

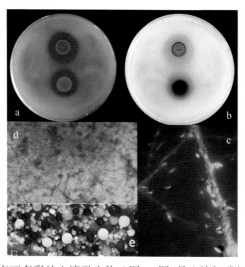

显微镜下形态绚丽多彩的土壤微生物（图a、图b是土壤解磷细菌的群落和溶磷圈；图c显示定殖在真菌菌丝表面的球状和杆状细菌；图d、图e显示土壤种的形态和颜色各异的真菌孢子和菌丝网络）（摄影：冯固）

## 143. 土壤微生物的种类和作用何在？

土壤中的微生物种类繁多，包括细菌、真菌、古菌、原生动物、藻类和病毒等，它们参与了土壤中的各种生物化学反应过程，在土壤生态系统物质和能量循环中扮演着重要角色。土壤细菌个体微小，代谢强烈，分裂繁殖速度快，是土壤中数量最多的微生物，占微生物总量的70%~90%。根瘤菌能够将空气中的氮气转化成铵态氮供植物生长；磷细菌能够将土壤难溶性的无机和有机磷酸盐转化成对植物有效的形态，供植物利用。古菌与细菌有相似的功能，参与土壤有机物的转化，例如氧化亚氮、甲烷等温室效应气体的产生。土壤真菌以孢子和菌丝存在于土壤中，分为腐生、寄生、共生三种类型。蘑菇、灵芝等都属于真菌。放线菌能产生抗生素，抑制土壤中其他微生物的生长。土壤藻类细胞含有色素，能进行光合作用，主要分布在土壤表面。

微生物在土壤中发挥着重要的作用：①分解有机物质，释放氮、磷、硫等矿质营养元素，合成腐殖质，促进土壤生态系统物质循环和能量流动；②降解进入土壤系统中的农药和有机废弃

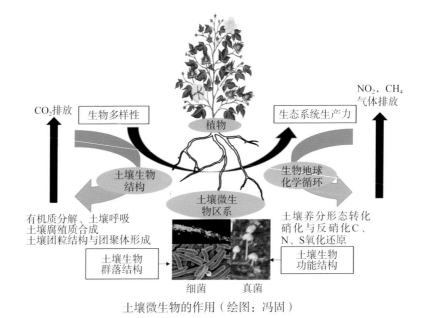

土壤微生物的作用（绘图：冯固）

物，富集重金属，维护土壤健康和生态稳定；③改变土壤矿物成分，形成土壤团聚体，改善土壤性质，促进土壤形成和发育；④微生物产生的抗生素能抑制病虫害，利于植物生长。此外，根瘤菌、菌根真菌等土壤微生物能够与植物根系形成互惠的共生体，固定大气中的氮气改善植物的氮素营养，或者帮助植物吸收土壤中的磷，改善植物的磷营养。农田土壤表面常见的地衣就是绿藻或蓝藻与丝状的真菌群丛组成的共生体，这种共生体被称为生物壳，能够保护地表免遭侵蚀。（张作建、冯固）

## 144. 土壤动物有哪些？

土壤动物是指生命周期的一段时间内定期在土壤中度过、并且对土壤生态系统具有一定影响的动物。土壤动物根据不同的标准有不同的分类结果。按照形态划分主要有原生动物门、扁形动物门、线形动物门、软体动物门、环节动物门、节肢动物门、脊椎动物门七大类群；按照在土壤中滞留时间的长短，可分为全期土壤生物、周期土壤生物、部分土壤生物、暂时土壤生物、过渡土壤生物和交替土壤生物；按照躯体大小，可分为微型土壤生物、中型土壤生物、大型土壤生物、巨型土壤生物。

土壤原生动物是一类单细胞动物，大小范围由几微米到1厘米，大部分以细菌为食，可以进行无性繁殖、有性繁殖，也可以形成孢囊抵御不良环境。原生动物主要分布在表层土壤，下层土壤很少，常见的种类有变形虫和纤毛虫。土壤后生动物则有线虫、螨虫、蚯蚓等。线虫是土壤后生动物中数量最多的种类，许多寄生种能引起植物根部的线虫病。在土壤动物中，螨虫对环境变化敏感，常用于指示土壤铜、锌、汞的污染。蚯蚓最为人们熟知，是温带土壤中生物量最大的无脊椎动物。土壤动物是自然界物质循环的主要原动力，能粉碎进入土壤的枯枝落叶、动物的粪便和尸体，进而供给细菌、真菌等微生物分解，共同完成自然界的物质循环。土壤动物对环境变化反应敏感，因此也被作为指示土壤重金属污染、农药化肥施用或土壤干旱胁迫的生物指标。（张作建、冯固）

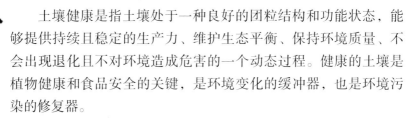

## 145. 土壤生物对维护土壤健康有什么作用？

土壤健康是指土壤处于一种良好的团粒结构和功能状态，能够提供持续且稳定的生产力、维护生态平衡、保持环境质量、不会出现退化且不对环境造成危害的一个动态过程。健康的土壤是植物健康和食品安全的关键，是环境变化的缓冲器，也是环境污染的修复器。

土壤微生物在维护土壤健康、保障土壤可持续利用和调控生态安全等方面发挥着重要作用，对土壤中许多生命活动和营养物质的循环都是必不可少的，特别是丰富而稳定的土壤微生物多样性，最有利于保持土壤肥力、防控土传病害、促进农业增产并保障产品质量。（李玲）

## 146. 为什么说蚯蚓数量能判断土壤质量？

蚯蚓对土壤质量的作用，很早以前就得到了人们的重视。亚里士多德将蚯蚓称为"土地的肠子"，达尔文称蚯蚓为"地球上最有价值的动物之一"。蚯蚓是土壤中生物量最大的无脊椎动物之一。蚯蚓在寻找食物或呼吸透气过程中不停地在土壤中穿行形成大大小小的空隙。蚯蚓以土壤有机物为食物，吞食土壤中的有机物质之后经过消化再排出体外；在消化过程中，经过体内一些特殊的酶和微生物的作用，将摄取的有机物质分解为自身能吸收利用的简单化合物之外，还能够形成腐殖质排出体外，从而使得土壤中腐殖质大大地富集起来。其排泄的粪便呈团粒结构，具有很好的水稳定性，并含有大量对植物有效性高的矿质养分。因此，通过蚯蚓的活动能够改善土壤的团聚体结构，增加土壤中的有效养分含量，促进土壤中有机残体的降解和腐殖质的形成。由于这些功能，蚯蚓被称为"土壤生态系统工程师"。由于蚯蚓的生活需要大量的有机残体和良好的通气性，因此他们通常喜欢生活在富含有机质、结构良好的土壤中。依据这一特征，我们就可以通过土壤中蚯蚓数量的多少来判断土壤质量和土壤肥沃程度。

（段一盛、冯固）

## 147. 如何在田间利用蚯蚓判断土壤质量？

蚯蚓是指示土壤生物健康和状况的良好指标，其数量和种类受土壤质量和管理措施的影响很大。蚯蚓通过挖掘洞穴、摄食、消化、排泄对土壤的化学、物理、生物性状有着重要的影响。它们粉碎和分解植物残体，将其转化为自身的有机物质，并释放矿质营养。此外，蚯蚓作为生物通气装置和物理调解剂，可改善土

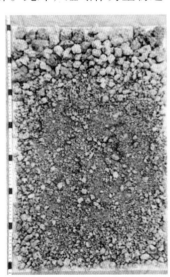

每20厘米×20厘米×20厘米土体中蚯蚓的数量：较好状态：数量>8条；一般状态：数量4~8条；较差状态：数量<4条。

壤的孔隙度、通气性、土壤结构和土壤团聚体的稳定性、保水性、水分入渗速率等。

在田间可计数蚯蚓的数量。蚯蚓大小和数量的变化取决于种类和季节。因此对于年际间的比较，蚯蚓的计数时间必须在一年中相同的时间，并且是土壤水分和温度都良好的情况下。蚯蚓数量是以每20厘米的土壤为单位进行计数。下图中给出蚯蚓数量的上下限定值，是以在5分钟的搜索中只有2/3的蚯蚓能被发现的概率设定的。（付海美）

湖南华容高肥力稻田蚯蚓粪（蚯蚓及蚯蚓粪数量多都是土壤生物性能好及土壤肥力高的重要标志）（摄影：徐明岗）

## 148. 菌根是根吗？

顾名思义，菌根是土壤中某些真菌与植物根系形成的一种互惠共生体。真菌菌丝体的一端侵染并定殖在植物的根部，菌丝体的另一端生长到植物根毛所不能到达的土壤中吸收土壤中的矿质养分（主要是磷、锌、氮等元素）和水分，并进一步运输到根系内部供植物生长利用。同时，为了回报真菌提供的"服务"，植物要向真菌提供光合作用产物供真菌生长繁育所用。这种各求所需的相互"服务"使得植物—菌根真菌之间的共生关系在进化筛选中被维持下来。通常，人们以为根系是植物获取养分和水分的器官，其实陆地上90%以上的植物都能够与不同种类的真菌形成菌根共生体。通常，我们肉眼所见到的植物根系并不是严格意义上的"根"，而是菌根。也就是说绝大多数陆地植物获得养分和水分资源的途径除了根系途径之外，还能够通过菌根真菌这条途径获得。

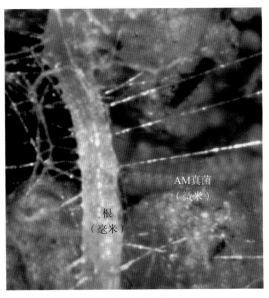

菌根共生体

图中棕褐色、较粗的结构是玉米根系，白色纤细的、呈网络状的丝状体是菌根真菌的菌丝体。从图中可以清晰看出，菌丝在土壤中分布空间远远大于根系，能够从植物根系无法到达的土壤空间中获得养分、提高养分利用效率、促进植物生长（摄影：冯固）

根据菌根的形态解剖特征、植物种类和真菌种类等特征可将菌根分为外生菌根、丛枝菌根真菌、兰科菌根、欧石楠类菌根、水晶兰类菌根等类型。与农作物共生的是丛枝菌根真菌。除了藜科和十字花科等少数植物之外，绝大多数农作物都能与丛枝菌根真菌形成丛枝菌根共生体。因此，大多数农作物的"根"不仅具有一般植物根系所包含的特征，而且还拥有真菌所具备的特性。地球上的丛枝菌根真菌有200多种，它们在土壤中发挥着重要的作用。比如：帮助植物吸收土壤中移动性差的矿质养分（如磷、锌等），改善植物的营养状况；提高植物对生物胁迫（如土传病原菌的侵害）和非生物胁迫（如土壤干旱、盐害、重金属毒害等）的抗性；缠绕土壤微粒，促进土壤团聚体的形成；增加土壤有机碳的固持等。（王菲、冯固）

## 149. 生产上如何应用菌根？

随着人们对菌根认识的不断深入，菌根生物技术在农业生产、花卉栽培、土地复垦和生态修复、造林等方面应用的规模不断扩大，有望实现减少作物生产对磷肥的重度依赖。

菌根生物技术的应用包括两种方法：

第一种方法是将菌根菌种制作成接种剂或复合生物肥料。目前，这一技术已经广泛用于造林、有机农业、作物和花卉生产、病虫害防治等方面。为了达到显著的接种效果，必须满足以下3个条件：①适合的宿主植物。不同农作物对菌根的依赖性差异很大，菌根菌剂要用于对菌根依赖性强的作物上。②优良的菌根真菌和菌剂。菌种要能够与宿主植物根系具有较强的亲和性，菌剂的繁殖体数量要达到标准，并且不能含有病原微生物。③适宜的土壤条件。与其他微生物技术一样，菌根真菌在适宜的土壤条件下才能够发挥最大的作用。适宜土壤条件的关键指标是土壤有效

磷含量不能过低也不能过高，例如对玉米而言，土壤供磷强度
（Olsen-P含量）在10毫克/千克左右时菌根真菌能够发挥最大的效
益，减少磷肥用量。只有这3个条件达到最佳匹配，菌根菌剂才能
发挥出最大的效果。目前常用的人工接种方法主要有组培苗菌根
接种法、芽苗机械化接种法、苗床接种法和幼苗接种法，其中后
两者是我国使用最多的集约化的接种方法。

　　第二种方法是充分利用土著菌根真菌。农田土壤中存在一定数
量的菌根真菌，这些土著菌根真菌能够侵染作物，只不过由于大量使
用化肥抑制了土著菌根真菌对作物生长的效应。通过培育菌根依
赖性高的作物品种，采用轮作、间作、免耕或少耕等栽培措施增加土
壤中土著菌根真菌的生物多样性和繁殖体数量就能够充分发挥土著
菌根真菌的作用，从而减少作物对磷肥的依赖性。（王菲、冯固）

甘薯接种菌根菌剂的产量和品质效果（原文发表于*Applied Soil Ecology*，
2007，作者：Farmer M J, Li X, Feng G et al）

## 150. 什么是土壤酶？

　　酶是生态系统代谢的重要动力，土壤中所进行的一切生物学
和生物化学过程都要由酶催化作用才能完成。土壤中的酶主要来
源于植物根系和微生物的分泌物以及动植物残体分解释放到土壤

中的酶。通常情况下，土壤酶主要以酶—无机矿物胶体复合体、酶—腐殖质复合体和酶—有机无机复合体等形式存在于土壤中，因此，土壤理化性质包括土壤质地、水分、温度、空气、团聚体、有机质、矿质元素和pH影响着土壤酶的活性及稳定性。土壤酶不仅能反映土壤生物活性的高低，而且能表征土壤养分转化的快慢，在一定程度上能反映土壤肥力状况。现代农业管理措施对土壤理化性质、土壤生物区系和农业植被均会产生明显的作用，对土壤酶活性也将产生直接或间接的影响。目前，土壤酶活性已经被作为检测土壤质量、土壤健康状况的指标。（周家超、冯固）

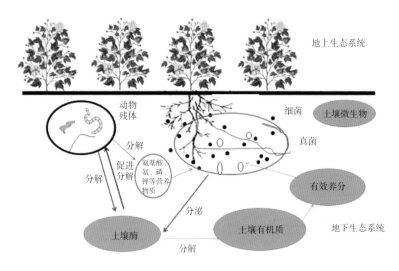

土壤酶的来源和功能示意图 （绘图：冯固）

## 151. 土壤酶的主要类型有哪些？

土壤是有生命的，主要表现为土壤具有生物活性，土壤中发生的有机和无机物的形态转化（如土壤甲烷的合成与氧化、土壤氧化氮和氧化亚氮的形成等）都是在土壤酶的作用下进行的。土壤酶主要来源于土壤微生物和植物根系的分泌物及动植物残体分解释放的酶。根据这些酶在土壤中发挥功能的差异，将其分为四大类，即水解酶、氧化还原酶、裂合酶和转移酶。

水解酶主要参与有机质的矿化过程，主要负责将土壤中不容易被植物和微生物利用的多糖和蛋白质等大分子物质水解成容易被吸收利用的小分子物质，其中主要有磷酸酶、蛋白酶、脲酶、纤维素酶、淀粉酶等。

氧化还原酶主要催化氢的转移和电子传递的氧化还原反应，与土壤中有机质的转化和腐殖质的形成密切相关，对维持生态系统和养分的循环过程起重要作用，主要有脱氢酶和过氧化氢酶。

转移酶催化某些化合物中基团的转移，即一种分子上的某一基团转移到另一分子上去的反应，不仅参与蛋白质、核酸和脂肪的代谢，还参与激素和抗菌素的合成和转化，其中主要的酶有转氨酶、果聚糖蔗糖酶和转糖苷酶。目前对土壤中的裂合酶的研究较少，其中主要有天门冬氨酸脱羧酶和谷氨酸脱羧酶。土壤酶活性的高低和组成比例可以用来评价土壤肥力、监测重金属污染和防治植物病虫害等。（石宁、冯固）

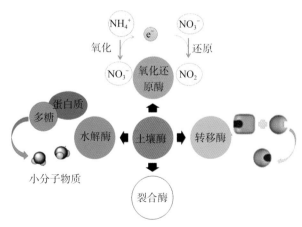

土壤酶的种类及功能（绘图：冯固）

## 152. 什么是土壤生物多样性？

土壤生物多样性是由土壤微生物所携带的遗传信息的多样性、微生物种类的多样性以及微生物—植物—土壤三者所构成的土壤生态系统的多样性三部分构成。土壤是大自然中最复杂的生态系统，也是地球上生物多样性最多的场所，这些生物之间相互作用驱动了物质的生物地球化学循环，主导了土壤肥力的形成与变化，维持自然界的生命。虽然土壤中生物种类数量巨大，但是由于其存在于地下，绝大部分无法被人肉眼察觉，不被人类所关注。事实上，土壤中蕴含着世界四分之一的生物多样性，生物多样性对土壤健康、土壤生产力乃至粮食安全都至关重要。健康的土壤可能含有丰富的脊椎动物、蚯蚓、线虫、螨虫、昆虫、真菌、细菌和放线菌。这些土壤生物在土壤生态系统中发挥着促进植物生长，保护土壤肥力，促进有机质分解，抑制害虫、寄生虫和疾病，保持生态系统稳定的重要作用。因此，保育土壤生物多样性是土壤健康和生产力持续提高的基本保障。由于人类生产生活活动的日益剧烈，砍伐森林或垦荒造田、化肥农药的过度使用等都大大加剧了土壤生物的数量和种类的减少，导致了土壤结构退化、土壤酸化、土壤生物肥力下降等恶果，使得生态系统的稳定性变得越来越脆弱，直接危害土壤生产力的可持续性。这是值得全社会共同关注的重大问题。

（贾阳阳、冯固）

## 153. 如何改善土壤生物多样性？

合理的耕作栽培制度在一定程度上能对土壤进行保育甚至增加土壤生物多样性，具体方法如下：

（1）耕作方式：与常规的耕作方式相比，少耕或免耕等保护性耕作方式、施用有机肥、秸秆还田、不同种类作物的轮作、混种等措施具有增加土壤有机质含量、保护菌根网络、保护土壤团聚体、提高微生物活性和增加农田生物多样性等功效。

（2）土壤培肥方式：减少化肥施用量，增加有机肥、绿肥（如豆科作物或豆科牧草）及微生物肥料（如根瘤菌、菌根菌、生防菌）的投入可增加土壤功能微生物的丰度和活性。

（3）控制土壤污染：控制生活污水和工业废水直接排放，减少农药的施用。

（4）增加作物多样性：间作套种和轮作都能够增加地上部作物的多样性，进而增加土壤生物的多样性。比如禾本科—豆科作物间作、粮草间作、粮油间作等种植方式，都是中国流传

农业景观中的生物多样性是一种对农业生产和对土壤生物保护与利用的宝贵资产

（图片来自荷兰Wageningen大学Lijbert Brussaard教授）

千年的种植方式，在减少农业生产对化肥、农药的依赖方面发挥独特作用。

（5）农业景观多样化：在区域范围内设计合理的道路、沟渠、农田模式，通过增加作物种类、增加沟渠杂草和防护林的种类等措施增加地上生态系统的生物多样性，进而带动地下生态系统的生物多样性。（柴小粉、冯固）

## 154. 什么是土壤生态？

土壤生态是指土壤中各种生物之间以及生物与土壤环境之间的复杂相互作用。土壤由各种物理、化学和生物因素组成，这些因素之间发生着复杂的相互作用。土壤生态对土壤的养分循环、良好土壤结构的形成和稳定及土壤生物多样性的维持至关重要。土壤生物的多样性和丰富度超过任何其他生态系统，植物的生长和健康受到地下生态的强烈影响。土壤生态的主要目的是探讨土壤生态系统的结构、功能和人类活动对土壤生态系统的影响及过程，揭示土壤生物群落结构，认识复杂土壤生态过程机制，从而达到改造土壤生态系统的结构与功能，维持土壤资源的可持续利用的目的。（张瑞福）

## 155. 什么是土壤生态系统？

土壤生态系统是土壤中生物与非生物环境的相互作用通过能量转换和物质循环构成的整体。它是以土壤为研究核心的陆地生态系统的一个亚系统，由土壤、生物及环境要素（如水、光、热等）三个部分组成。土壤生态系统是一个具有结构和功能的开放系统和能量转换器。其结构包括：①生产者，包括高等植物根系、藻类和化能营养细菌；②消费者，如土壤中的草

食动物和肉食动物；③分解者，如细菌、真菌、放线菌和食腐
动物等；④参与物质循环的无机物质和有机物质；⑤土壤内部
水、气、固体物质等环境因子。土壤生态系统的结构主要取决
于构成系统的生物组分及其数量、生物组分在系统中的时空分
布和相互之间的营养关系，以及非生物组分的数量及其时空分
布。土壤生态系统的功能主要表现在系统内物质流和能量流的
速度、强度及其循环和传递方式。不同土壤生态系统的上述功
能各不相同，反映了土壤生产力相异的实质。土壤生态系统的
结构和功能可通过人为管理措施加以调节和改善。土壤中物质
转化和能量流通的能力和水平、土壤生物的活性、土壤中营养
物质和水分的平衡状况及其对环境的影响等，是土壤生态系统研
究的主要内涵。（张瑞福）

## 156. 为什么说土壤既是"碳汇"又是"碳源"？

土壤是地球表面最大的有机碳库，全球土壤有机碳库为1.5万
亿吨，大约是陆地生物碳库的3倍、大气碳库的2～3倍。但土壤碳
库既是二氧化碳的"汇"，也可能是"源"。

土壤是"碳汇"，是因为土壤里的有机碳最初都来源于大
气，植物先通过光合作用将$CO_2$转化为有机物质，然后有机质里
的碳通过根系分泌物、死根系或者残枝落叶的形式进入土壤，并
在土壤中微生物的作用下，转变为土壤有机质存储在土壤中，形
成土壤碳汇。简单来说就是土壤可以通过植物从大气中吸收、转
化、存储二氧化碳。但是土壤具有生命力，也会呼吸，即土壤中
存在的大量微生物和植物根系都能够通过呼吸作用排出$CO_2$，此
外，淹水稻田还会排放甲烷气体等，这些气体是温室气体的主要
来源。

将有机碳含量高的森林与草原土壤开垦为农田，或者植被

的破坏，以及农田的耕作、施肥等管理措施不当，都会造成土壤有机碳含量下降，使土壤成为主要的二氧化碳排放源，而对于全球土壤碳循环来说，即使一个很小的扰动也会引起气候很大的变化。所以，考虑固碳减排问题决不可忽视土壤碳库"源"或"汇"的作用。保护土壤及其植被的健康，是土壤发挥碳汇功能的关键。（邸佳颖）

湖南岳阳森林植被　内蒙古锡林浩特羊草草原　吉林公主岭玉米农田

森林、草原、农田土壤均是重要的陆地生态系统，发挥着重要碳汇作用。
人工林的增加、免耕、有机肥化肥配施均能增加土壤固碳（摄影：何亚婷）

## 157. 土壤在碳交易中的作用是什么？

土壤是陆地生态系统的核心，与大气圈、水圈和生物圈有着直接的联系，土壤碳库是陆地生态系统最大的有机碳库，在全球碳收支系统中占主导地位。土壤碳汇是指植物在生长过程中通过光合作用吸收大气中的二氧化碳并将其以有机质的形式存储在土壤中，从而降低大气中二氧化碳等温室气体的浓度，同时通过碳汇能够增加土壤有机质含量和提升土壤肥力。因此，许多国家和地区开始探索农业土壤碳汇交易机制，降低大气温室气体的浓度，缓解气候变暖。（李玲）

**什么是土壤有机碳的平衡点和饱和点？**

　　土壤有机碳是指存在于土壤中的所有有机物质中的碳，包括土壤中新鲜有机物质（未分解的生物残体）、土壤微生物、微生物代谢产物和腐殖质。在一定的生态系统中，有机碳的积累水平依赖于碳输入与碳输出的动态平衡与系统碳投入密切相关。

　　在一个长期稳定的生态系统中，土壤有机碳的输入量与分解量一旦达到平衡，有机碳积累就处于一个与土壤和生态环境条件相适应的动态稳定水平，即平衡点。由农业管理措施改变引起的系统碳投入变化，会直接导致土壤有机碳的变化，直至达到新的平衡。直至增加外源碳投入后将不再增加土壤有机碳库时，土壤有机碳达到饱和点。（邸佳颖）

广西粉垄技术明显提升根系生长能力和农田土壤有机碳
投入量（摄影：徐明岗）（耕作、施肥、种植不同作物
等影响土壤有机碳投入从而影响土壤固碳水平）

## 159. 如何理解农田土壤的固碳潜力？

农田土壤固碳潜力是指在一定环境条件下土壤所容纳碳的最大能力，受人类活动、土壤特性和自然环境的共同影响。固碳潜力又可分为：①最优农田管理措施的生物潜力，也是技术可达到的固碳潜力，受外界扰动较大（如温度升高、外源有机碳投入减少等），是考虑到管理措施优化调整（如有机肥投入、秸秆还田、免耕措施等）条件下，土壤所能固持碳的最大量。②基于土壤机械组成决定的物理化学潜力，是从土壤有机碳的稳定机制出发，表示有机碳与土壤矿质颗粒稳定结合的最大固碳量。物理化学潜力更为稳定，不易受外界扰动的影响。③社会经济潜力，是充分考虑到能够实现的可以增加土壤有机碳的农业管理措施，即现实可达到的固碳潜力，与社会因素和区域的经济发展有关。（邸佳颖）

## 160. 你知道"千分之四全球土壤增碳计划"吗？

"千分之四全球土壤增碳计划"是指全球2米深土壤有机碳储量每年增加4‰，就可以抵消当前全球矿物燃料的碳排放。这是因为全球矿物燃料燃烧排放约为89亿吨碳当量，约等于2米深度土壤碳库容量的4‰。IPCC第四次评估报告曾指出：农业生产的二氧化碳近90%的减排份额可以通过土壤固碳减排实现。在这样的背景下，法国提出"千分之四全球土壤增碳计划"，并通过《联合国气候变化框架公约》（UNFCCC）的认可得以正式启动。（邸佳颖）

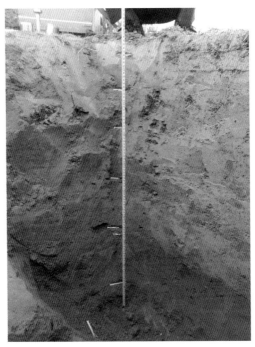

郑州潮土剖面（"千分之四全球土壤增碳计划"是2米土层的
年增碳数量）（摄影：张丽敏）

## 161. 我国农田土壤固碳前景如何？

对于自然条件较为复杂和技术管理水平较低的发展中国家而言，土壤固碳会带来明显挑战。就我国而言，一方面碳的排放量大，另一方面固碳难。据估算，我国1米深土体有机碳库需要增碳2.9%才能抵消能源排放，而这样的增碳速度在当前技术水平下难以达到。良好的农田管理措施可显著增加土壤有机碳储量，如果能尽可能地推行良好的农田管理，我国农田固碳潜力可达每年平均3 000万～5 000万吨碳当量，但这距离"千分之四全球土壤增碳计划"的目标仍有差距，且具有较大的不确定性。但是我国在固碳行动方面已经实施了多项国家级项目和规划，如测土配方施肥项目、土壤有机质提升补贴项目、保护性耕作工程建设规划、全国高标准农田建设总体规划等，这些实际行动将提高我国土壤固碳水平。（邸佳颖）

## 162. 什么是土壤圈？

土壤圈由瑞典学者马特松（S. Matson）于1938年首先提出，指覆盖于地球陆地表面和浅水域底部的土壤所构成的一种连续体或覆盖层，犹如地球的地膜，通过它与其他圈层之间进行物质能量交换。土壤圈是由岩石圈顶部经过漫长的物理风化、化学风化和生物风化作用的产物，是岩石圈最外面一层疏松的部分，其上面或里面有生物栖息。土壤圈的平均厚度为5米，面积约为$1.3 \times 10^8$千米$^2$，相当于陆地总面积减去高山、冰川和地面水所占有的面积。土壤圈是构成自然环境的五大圈（大气圈、水圈、岩

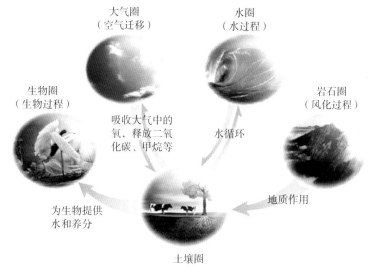

土壤圈示意图（图片来自中国数字科技馆官网）

石圈、土壤圈、生物圈）之一，与人类关系最密切的一种环境要素。（张瑞福）

## 163. 什么是土宜？

土宜出自《逸周书·度训》，"土宜天时，百物行"，谓各地不同性质的土壤，对于不同的生物各有所宜。《周礼·地官·大司徒》中有"以土宜之法，辨十有二土之名物"。不同的作物有自己的生长特点，耐肥耐瘠性不同，对土壤的要求也存在一些差异（如对土壤的沙黏性、酸碱性要求不同），这些均转变为产量及经济效益的差别。因此，对土壤的分布规律和各类不同土壤的性状以及各作物的种类调查了解，提出各类作物的土宜是进行作物区划、土地利用区划和因土种植的基础。（张瑞福）

## 164. 为什么河北、河南个别地方能产出"贡米"？

贡米，即中国古代封建社会时期由盛产稻米的地方经过对本地优质稻米精心挑选而敬奉给皇帝享用的大米，也称作御米。河南省洛阳市伊川县和河北省蔚县生产贡米，两地种植贡米的土壤均属于褐土。褐土主要是暖温带半湿润地区发育于排水良好地形部位的半淋溶型土壤，一般分布在海拔500米以下，地下潜水位在3米以下，其成土母质富含石灰，成土过程处于脱钙阶段，是具有黏化和钙质淋移淀积特征的土壤。褐土所分布的暖温带半湿润季风区，具有较好的光热条件，一般可以两年三熟或一年两熟。由于主体深厚，土壤质地适中，特别适种多种旱作物小麦（绝大部分为冬麦）和小米等的种植。此外，伊川和蔚州种植贡米区域均属于丘陵地带，每年昼夜温差大，水量少，为贡米的产出提供了独特的地理环境和气候条件。（张瑞福）

## 165. 为什么通常东北大米好吃？

东北大米支链淀粉高，口感偏黏，而且甜、香，泛油光，一般种植于黑龙江、吉林两省的黑土带，人们总用"一两土二两油"来形容黑土地的肥沃与珍贵。宝贵的黑土地资源孕育了香甜的东北大米。黑土土壤水分状况较充沛，相对湿润，植被为草原化草甸，当地称"五花草塘"，土壤有机质的累积量较高，具有黑色而深厚的土层，腐殖质层厚达30～70厘米，底土常出现轻度潜育化特征。东北的黑土地是在寒冷气候条件下，地表植被死亡后经过长时间腐蚀形成腐殖质后演化而成的，以其有机质含量高、土壤肥沃、土质疏松、最适宜耕作而闻名于世，素有"谷物仓库"之称。因为形成1厘米厚的黑土层需要400年的积累，所以土层中腐殖质和有机质含量极为丰富。"随意插柳树成荫，手抓一把攥出'油'"的说法丝毫不夸张。（张瑞福）

## 166. 土壤含有哪些养分？作物都能吸收利用吗？

作物生长需要从土壤和空气中获得养分，这些养分就是各种矿物质元素。目前已知的作物生长必需的营养养分元素共17种，土壤中除碳、氢和氧以外，其他必需的营养养分均存在于土壤中，它们是大量元素——氮、磷、钾，中量元素——钙、镁、硫，微量元素——铁、锰、锌、铜、硼、钼、氯、镍，共14种。另外，对一些作物来讲，如水稻，硅也是其所必需的中量元素之一，需从土壤中吸收。

实际上，土壤中储存的这些营养养分并不是都能够直接被作物吸收利用的，植物只能吸收利用特定形态的养分，我们称其为有效态养分。土壤中的养分元素大部分存在于各种岩石矿物或土壤有机质中，需要经过复杂的转化过程才能够成为有效态养分。因此土壤中可以直接被作物吸收利用的养分相对较少，仅占土壤养分总储量的很少一部分。（孔凡美、李涛、万广华）

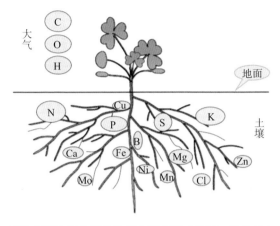

植物必需的营养元素及其主要来源（绘图：孔凡美）

## 167. 土壤是如何向作物提供氮素营养的？

土壤中能够被植物吸收利用的氮素主要有三个来源：一是通过具有固氮能力的微生物进行生物固定而来，二是由雨水和灌溉带入的大气及水体中的氮，三是施用的有机肥料和化肥。我国已经成为世界上最大的氮肥生产国和消费国，施肥是目前我国土壤中氮素的主要来源。土壤中氮素的主要形态是无机态和有机态两大类。其中无机态氮主要是铵态氮（$NH_4^+$）和硝态氮（$NO_3^-$），这些氮溶解在土壤水中或者被吸附在土壤颗粒上，可以直接被作物根系吸收，是有效态养分。有机态氮是土壤中氮素的主要存在形式，一般占土壤全氮量的95%以上，这些氮素必须经过微生物的矿化作用，转化为无机态氮（$NH_4^+$和$NO_3^-$）才能被植物吸收利用。如果说无机态氮是"盛在碗里的饭"，那么有机态氮则如

同"缸里的米",需要经过微生物转化成无机态氮,也就是"矿化"后才能被植物吸收利用。(孔凡美、李涛、万广华)

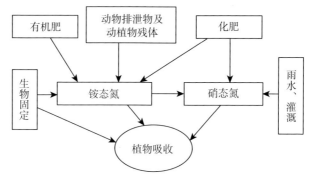

土壤中植物能够直接吸收的主要氮素类型及其来源(绘图:孔凡美)

## 168. 施入土壤的氮肥都去哪儿了?

施入土壤中的氮肥包括无机态（$NH_4^+$和$NO_3^-$）和有机态（尿素和各类有机肥）两大类，这些氮素进入土壤后的去向主要有三个，可概括为"上天的、入地的和固定的"。

对于无机态的氮素来讲，"上天的"是指转化为气态进入大气中的氮，铵态氮肥可以转化为$NH_3$挥发，硝态氮肥可以在微生物作用下，使$NO_3^-$反硝化变成气态$N_2$和氮氧化合物如$NO$和$N_2O$，从而进入大气。"入地的"是指那些容易淋溶、不易被土壤吸附的氮，比如$NO_3^-$和尿素。由于土壤胶体带负电，则不容易吸附带负电的$NO_3^-$，尿素是不带电的有机小分子，也不容易被土壤吸附。因此$NO_3^-$和尿素施入土壤后，如果灌溉过量，非常容易导致$NO_3^-$和尿素随水进入土壤深层，最终进入地下水。可见，施肥后浇水要有限制，不能让土壤"喝得太饱"。"固定的"则是被吸收利用的氮，可以分为化学固定（土壤吸持固定）和生物固定（被土壤微生物、植物吸收利用以及转化为土壤有机质）两种类型。

那么有机态氮肥呢？对于尿素来讲，除了上面讲到的可能被淋溶外，大部分会在脲酶作用下转化为铵态氮，还有一部分转化为土壤有机质。而大部分有机肥中的有机态氮则会经微生物矿化变成无机氮或者转化为土壤有机质。（孔凡美、李涛、万广华）

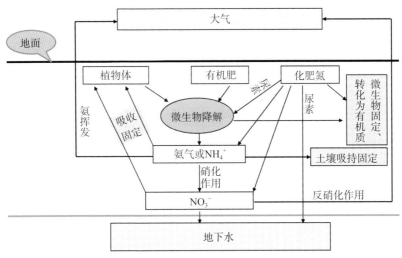

施入土壤中的氮肥的主要去向（绘图：孔凡美）

## 169. 土壤中的磷作物都能吸收利用吗？

我国土壤表土层全磷（P）含量在0.2～1.1克/千克，一般来讲，有机质含量高、质地黏重、熟化程度高的土壤全磷含量相对较高。我国土壤全磷量由南到北、从东到西（西北）逐渐增加。作物可以直接吸收利用的有效磷主要是水溶性和弱酸溶性的正磷酸盐，仅占土壤全磷含量的1%左右。

土壤中有机态磷约占全磷含量的10%～50%，它们需要转化为无机态正磷酸盐才能被植物吸收。但这部分矿化的磷在作物磷素供应上一般不起主要作用。无机态磷约占全磷量的50%～90%，是土壤中磷的主要存在形态。但是无机态磷绝大部分是稳定的矿物态磷，或者被氢氧化铝、氢氧化铁胶膜包被而成的闭蓄态磷，这些磷通常只能被强酸溶解，很难被作物直接吸收。南方酸性土壤中的矿物态磷主要是闭蓄态磷和磷酸铁铝类（Al-P，Fe-P），它们常以粉红磷铁矿和磷铝石的形式存在；北方强碱性土壤中有各种形态的磷酸钙类（Ca-P），包括原生的磷酸钙盐矿物（如羟基磷灰石、氟磷灰石等）、次生磷酸二钙、磷酸八钙等；中性土壤中各种类型的磷酸盐均有一定比例。这些磷酸盐在特定条件下可以互相转化，其有效性受pH影响较大，pH6～7有效性最高。可见，大部分情况下土壤中不是没有磷，而是这些磷的有效性差，很难被植物吸收利用而已。（孔凡美、李涛、万广华）

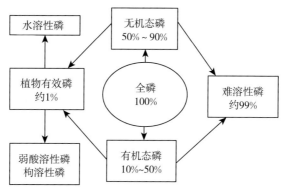

土壤中磷的类型及其转化（绘图：孔凡美）

## 170. 施入土壤的磷肥都去哪儿了？

目前施肥进入土壤的磷主要是化学磷肥和有机磷肥两大类。常见的化学磷肥包括水溶性磷肥、弱酸溶性磷肥和难溶性磷肥三种类型。它们的有效成分通常是能够被植物吸收利用的水溶性磷或弱酸溶性磷。

化学磷肥进入土壤后绝大部分均参与固定过程，分为化学固定和生物固定。化学固定是最主要的过程，在酸性土壤中主要表现为磷酸根离子与铁、铝、锰等离子结合最终形成结晶态沉淀，而在中性或碱性土壤中则表现为与钙镁离子形成沉淀最终转化为磷灰石。有人曾经做过试验，水溶性的过磷酸钙进入土壤后的移动距离不超过3厘米，大部分集中在施肥点附近0.5厘米范围，表明磷肥进入土壤后的化学固定极易发生，大部分的磷肥均被化学固定。生物固定是指直接被微生物或者作物吸收利用，这部分磷暂时储存在生物体内或者转化为土壤有机质。由于磷的移动性差，大部分集中在土壤表层，因此除被固定外，还有一部分磷会随地表径流、土壤侵蚀进入水体。

有机肥中有机磷进入土壤后有三个主要去向：一是被微生物分解转化为土壤有机质暂时固定储存起来；二是被微生物矿化转化为有效态养分被植物吸收利用；三是在过量灌溉时，其中的许多小分子有机态磷会淋溶进入地下水，或者随雨水径流进入地表水。（孔凡美、李涛、万广华）

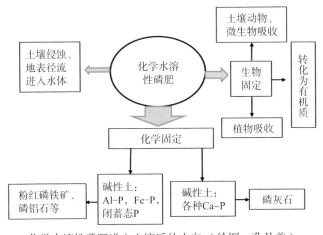

化学水溶性磷肥进入土壤后的去向（绘图：孔凡美）

## 171. 为什么说农田氮磷流失对地下水、湖泊、河流等水质变坏负重要责任?

施肥有效提高了农产品产量和品质,保证了我国对农产品产量及质量的基本需求,但是长期以来不合理施肥也带来了诸多环境问题。水体富营养化是水体水质恶化的重要体现,而氮、磷是引起水体富营养化的关键元素。2010年2月环境保护部发布的《第一次全国污染源普查公报》显示,农业源已经成为目前总氮、总磷排放的主要来源,其排放量分别为270万吨和28万吨,占排放总量(含农业、工业和生活源)的57%和67%,目前农业面源污染排放总量仍呈上升趋势。据统计,我国水体富营养化的进程与肥料的施用量同步发展,农田氮、磷的流失成为公认的水体污染的重要原因。

中国是目前世界上最大的氮肥生产国和消费国,氮肥的投入量已超过作物最高产量需求量,氮肥的当季利用率仅为30%左右,农业系统中的氮已出现大量盈余。有资料表明,全世界施用于土壤的肥料有30%~50%经淋溶进入了地下水,地下水的硝态氮污染与氮肥施用量成线性关系。据统计,2010年我国磷肥施用量达810

农田氮、磷淋失对水体的污染(摄影:徐明岗)

万吨，磷肥的当季利用率仅有10%～20%。1981—2000年，我国农田磷含量以11%的速度增长；2006年，我国土壤平均磷含量相比1986年增长了近3倍，已超过我国大多数作物生长需磷量的临界值（20毫克/千克）。

许多土壤磷素也处于盈余状态。由于植物无法吸收，这些盈余的氮、磷会在土壤中进行一系列的迁移和转化过程，通过地表径流、侵蚀、淋溶（渗漏或亚表层径流）和农田排水进入地表和地下水，成为地下水、河流和湖泊水质变坏的重要推手。（孔凡美、李涛、万广华）

## 172. 钾在土壤什么地方？为什么很多土壤需要施用钾肥？

我国土壤全钾（$K_2O$）含量在0.5～25.05克/千克，大体呈南低北高、东低西高的趋势。土壤中的钾主要有四种类型：一是矿物态钾，主要存在于各种土壤原生矿物和次生矿物中，这部分钾约占全钾量的90%～98%，这些钾需要经过极为缓慢的风化过程才能转化为植物能够吸收的钾。二是非代换态钾，它们被固定在层状铝硅酸盐矿物层间和易风化的含钾矿物晶格内，这部分钾约占土壤全钾的1%～10%，是土壤持续种植作物条件下钾的主要来源。三是交换性钾，即吸附在土壤胶体上的钾，是当季作物能够吸收利用的主要钾素形态。四是水溶性钾，存在于土壤溶液中，浓度在0.2～10摩尔/升，只占植物生长利用所需量的很小一部分。

土壤是否需要施钾要根据土壤钾素供应情况及作物的需求情况判断。许多土壤严重缺钾，例如南方的强淋溶土壤如红壤和砖红壤，其中的有效钾大部分被淋溶，矿物钾短期内无法补充。由于土壤钾素主要存在于黏粒中，因此沙质土壤含钾量低于黏重土壤。所以，缺钾土壤、沙质土壤以及作物需钾量大（喜钾作物如甘薯、马铃薯、烟草等）、作物吸钾能力差及秸秆不还田的土壤都应该重视钾肥的施用。另外，在一些高产土壤上，由于土壤中钾的释放需要一定时间过程，为保证土壤有效态钾持续供给及作物高产，在作物生长过程中需要施用钾肥。（孔凡美、李涛、万广华）

甘薯施用钾肥增产效果显著（摄影：徐明岗）

## 173. 为什么有些土壤需要施用微量营养元素肥料，而另一些土壤不需要？

土壤和作物体内含量低于0.01%的元素称为微量元素，虽然这些微量元素含量低，但都是植物生长必需的营养元素，包括铁、锰、锌、铜、硼、钼、氯和镍共8种。土壤是否需要施用微量营养元素肥料主要取决于土壤微量营养元素的含量及作物的需求两方面。

土壤中的微量元素主要来自岩石和矿物，由不同成土母质发育的土壤，其微量营养元素的种类和数量均不相同。通常情况下，我国东部特别是东南部主要缺硼；北方石灰性土壤（包括水稻土）及南方水稻土（包括石灰性、中性水稻土及沼泽土、盐土等）多缺锌；北方黄土母质和黄河冲积物发育的石灰性土壤，尤其是质地较轻的土壤多缺锰；南方红壤区的大部分酸性土壤多缺钼；北方干旱、半干旱地区的石灰性土壤易缺铁；南方长期渍水的水稻土和北方的沼泽土、泥炭土易缺铜。此外，由于有机肥、磷肥及其他大量或者中量元素肥料均含有不同类型及数量的微量营养元素，长期的施肥习惯会直接影响土壤中微量营养元素的含量，导致微量元素缺乏或者过量。

不同作物对微量元素的需求量及敏感程度差异很大，例如油菜对缺硼敏感，甘蓝及豆科作物对缺钼敏感，燕麦对缺锰敏感，玉米对缺铜、缺锌和缺铁均较为敏感，豆科作物对铁需求量较高。因此，作物类型也是决定土壤是否需要施用微量营养元素肥料的重要参考因素。（孔凡美、李涛、万广华）

油菜施用硼肥增产效果显著（摄影：徐明岗）

## 174. 土壤主要中量元素有哪些？如何补充土壤中量元素？

土壤中的中量元素有钙（Ca）、镁（Mg）和硫（S）。这些元素主要存在于各种矿物和有机质中。农业生产上经常施用的改土剂如石膏、石灰、硫黄等均能够提供一定量的中量营养元素。随着高浓度及高纯度化肥如尿素、磷酸二铵以及氮磷钾复合肥等的大量施用以及有机肥料施用量的逐步下降，作物出现Ca、Mg、S的缺素现象逐渐增多。

一般来讲，凡是含有Ca、Mg、S的肥料均可以补充中量营养元素。常见的钙肥有石灰[ CaO、Ca( OH )$_2$、CaCO$_3$ ]、石膏（CaSO$_4$）以及氯化钙（CaCl$_2$·2H$_2$O），其中石灰主要用在酸性土上，用量可根据土壤酸度而定，旱地常用作基肥，水田可作追肥。石膏主要用于改良盐碱土，一般用作基肥撒施，而氯化钙是水溶性肥料，一般用作追肥。常见的镁肥有硫酸镁、氯化镁、硝酸镁、钙镁肥等，均为水溶性肥料，常与其他肥料配合施用，可作基肥或者追肥。含硫的化肥料类型较多，如硫酸钾、硫酸铵、

南方红壤上施用镁肥增产效果显著（摄影：徐明岗）

硫酸镁、硫酸钙、硫酸亚铁等，有机肥中也含有一定量的硫。一般来讲，施用硫基大量元素肥料和有机肥可不必考虑单独施用硫肥。施用硫肥则要充分考虑土壤特性、作物种类以及肥料性质，采用基肥和追肥配合的方法。（孔凡美、李涛、万广华）

## 175. 森林土壤有什么特点？

森林土壤指发育于森林植被下的土壤。从分布区域来看，大多分布在交通不便的山地。随着城市森林的发展，对森林土壤的接近变得容易起来。就地表形态特征而言，森林土壤的最表层常常覆盖着厚度不等的枯落物层，又叫"林褥层"，这是维持森林土壤肥力持续发展的基础，也是区别于农田土壤、草原土壤以及荒漠土壤最显著的特点。其次，延伸在森林土壤中的植物根系，组成了独特的"地下森林"。由于根系的存在，使得森林土壤疏松多孔，通透性好，水源涵养能力强；此外，森林土壤表层有机物质含量丰富，不仅是土壤生物生存发育的大本营，更是微生物菌种资源的仓库，也是当前生物多样性研究中急需关注的领域。（焦如珍、耿玉清、董玉红）

## 176. 森林土壤表层有机质含量为什么很高？

森林土壤有机质主要来自表层之上的植物残体如树叶、枝条、花果等形成的枯落物层，并且该层的干物质生物量远远高于农田和草原土壤。在降水、森林土壤动物和微生物等因素的综合作用下，新鲜的枯枝落叶就会形成不同分解状态的有机残体或被降解为分子量大小各异的有机化合物。一些枯枝落叶碎屑或化合物可随降水的携带作用以及土壤动物和微生物的转移作用进入到矿质土壤中，并被矿质土壤层的细颗粒保存下来，也可以进一步转化为复杂的腐殖质分子，从而减少有机质被淋溶的概率。因此，森林土壤表层有机质含量高的原因主要与上覆枯落物层物质的腐解及其向下淋移有关。（焦如珍、耿玉清、董玉红）

## 177. 森林土壤酸碱性如何？

与发育于相同母质的农田土壤相比，森林土壤的pH往往低一些。这主要与枯落物分解产生的有机酸随降水进入土壤层有关。其次，林木根系在生长过程中分泌出的有机酸也会增加土壤的酸度。随着酸雨的出现，森林植物树冠更容易截留大量的酸性物质，也加剧了森林土壤的酸化。此外，不同的树种对土壤酸碱性的影响也不同。在相同环境条件下，针叶树土壤一般比阔叶树土壤的pH低，酸性更强。这主要是因为针叶树凋落物分解过程中产生的盐基离子较少而有机酸的含量较高。（耿玉清、焦如珍、董玉红）

针叶林下的土壤酸化更为严重（摄影：徐明岗）

## 178. 森林土壤剖面有什么特征？

森林土壤剖面一般由四个发生层组成。从地表垂直向下依次为枯落物层O，厚度一般在10厘米以下；腐殖质层（淋溶层）A，厚度可达25厘米；淀积层B，厚度为30~100厘米；母质层C，厚度一般在1米以下。枯落物层是森林土壤剖面特有的层次。腐殖质层最显著的特点是颜色发暗、疏松多孔、具有粒状的结构。淀积层的颜色相对较浅且较紧实，根系主要分布在此层。一般情况下，母质层的石砾含量较高。母质层的下面有时可见坚硬的岩石。（焦如珍、耿玉清、董玉红）

典型森林土壤剖面（照片：徐明岗）

## 179. 森林土壤开垦为农田会有什么变化？

森林土壤开垦为农田，实质就是把地表的森林植被连同根系移走。由于林木本身含有大量的有机质，因此，森林开垦为农田最直接的变化就是失去了土壤有机质的来源。另外，农田土壤的经营，主要采取收获的方式，这也是土壤有机质不断减少的原因。一般情况下，森林土壤被开垦的年限越长，土壤有机质损失的越多。因此，森林开垦为农田，应采取多施有机肥的方式，以培育农田土壤的肥力。从保护生态环境的角度出发，应减少开垦森林土壤的概率。（耿玉清、焦如珍、董玉红）

森林开垦为农田导致土壤肥力下降（摄影：徐明岗）

## 180. 我国森林土壤资源分布有什么特点？

受自然条件和社会经济发展的影响，我国森林土壤资源的分布极不平衡。大部分位于东北和西南，而华北和西北相对稀少。东北地区包括黑龙江、吉林和内蒙古东北部的大兴安岭地区和呼伦贝尔盟东部地区，森林土壤面积为全国之冠；东南、华南丘陵山区，包括浙江、安徽、福建、江西、湖南、广东和广西等省（自治区），自然条件优越，森林资源较为丰富；华北、中原及长江、黄河下游地区，人口稠密、经济发达，但森林土壤资源不足全国总面积的1%；西北干旱、半干旱地区，包括新疆、青海、宁夏和甘肃以及内蒙古和西藏的中西部，虽然土地面积占全国近一半，但森林土壤面积仅占全国5%左右；西南地区包括四川、云南、甘肃的白龙江林区，西藏东部的昌都和拉萨地区，森林土壤大多地处大江河流的上游，是原始林分布较集中的地区，有林地占全国森林面积的19.5%。广阔的森林土壤资源，为我国林业生产的持续发展创造了有利条件。（焦如珍、耿玉清、董玉红）

**181.** **我国森林土壤主要类型有哪些?**

    由于森林土壤的形成受母质、气候、生物、地形等自然因素的影响,因此,在我国不同区域分布着不同类型的森林土壤。在东北地区主要分布有棕色针叶林土和暗棕壤;在东南、华南丘陵山区分布有棕壤、红壤、黄壤、赤红壤和砖红壤;华北、中原和长江、黄河下游地区主要是褐土、棕壤和黄棕壤;西北干旱、半干旱地区主要分布着灰褐土和灰色森林土;在西南高山林区、川西、滇西北分布着红壤、棕壤、暗棕壤及棕色暗针叶林土;西藏东南部分布着漂灰土、棕色暗针叶林土和黄壤。在我国众多的森林土壤类型中,棕色针叶林土、暗棕壤和红壤的面积最大。丰富多样的森林土壤类型是我国森林资源赖以生存的空间,爱护森林资源,更要珍惜森林土壤。(焦如珍、耿玉清、董玉红)

**182.** **森林土壤有哪些主要生态功能?**

    森林土壤的生态功能就是森林土壤为人类和其他生物提供有益的环境服务。就目前的认识程度,森林土壤主要的生态功能有:①储存丰富的氮、磷、钾和微量元素养分,不断满足林木生长的需要;②是一个巨大的土壤碳库,对减少温室气体排放、维持全球碳循环及气候变化具有重要意义;③不断积聚的森林地表枯落物,以及森林土壤特有的腐殖质层,就像一块巨大的吸水海绵,使水分在土壤中得到充分的涵蓄,并能延缓地表径流,对涵养水源有重要作用,此外,森林土壤还具有净化水质的功能;④森林植被的根系能紧紧固定土壤,能使土壤免遭雨水的冲刷,有效防止了水土的流失;⑤提供土壤动物、植物和微生物生存的空间,是地球生物繁衍最为活跃的区域。所以森林土壤保护着生

物多样性资源。（焦如珍、耿玉清、董玉红）

##  **为什么说土壤生物是森林的"环保卫士"？**

在原始森林中，如果没有土壤生物充当"清道夫"将森林产生的枯枝残叶、动物尸体和粪便等消化、分解掉，森林很快会被残留物所充塞，新鲜的水分和空气达不到植物的根系，森林的更新就会停止，最终会导致森林的死亡。科学家曾计算过，在一茶匙森林土壤中有20亿个细菌、几百万真菌、原生物和藻类等。就是这些不起眼的"环保卫士"，对森林的生长、死亡、再生长，起着重要的作用。（邸佳颖）

## **184.** **什么是草原土壤？**

草原土壤是在草甸草原及草原植被下发育而成的土壤，主要分布在温带、暖温带以及热带的大陆内地，约占全球陆地面积的13%。草原土壤在欧亚大陆的温带、暖温带内陆地区，呈东北—西南向的带状分布。我国草原土壤主要分布在小兴安岭和长白山以西，长城以北，贺兰山以东的广大地区。境内多属温带和暖温带半湿润和半干旱气候。我国温带的草原土壤分布广泛，自东向西有黑土、黑钙土、栗钙土、棕钙土。暖温带有黑垆土、灰钙土。最典型的草原土壤为黑钙土、栗钙土、黑垆土。黑土是向温带湿润森林土壤过渡的土壤类型；棕钙土和灰钙土是向温带、暖温带荒漠土壤过渡的类型。主要的成土过程有腐殖质积累和碳酸钙淀积，有明显的腐殖质层和钙积层，自东向西腐殖质层逐渐变薄，钙积层变厚，碳酸钙淀积的位置上升；主要利用方式为天然放牧地。（红梅）

暗栗钙土大针茅草原（摄影：红梅）

## 185. 草原土壤有什么特点？

草原土壤的共同特点有：①气候条件较干旱，土壤受淋溶作用较弱，土壤盐基物质丰富，除黑土外，土层均有明显的钙积

内蒙古黑钙土剖面（摄影：红梅）

层，盐基饱和度高；②有机质来源为地上的凋落物和地下的根系，根系进入土壤的较多，因此腐殖质含量从表层向下逐步减少；③土壤反应为中性或微碱性。（郑海春）

## 186. 什么是草原的自然退化？

导致草原退化的原因有自然因素和人为因素，在自然因素作用下的退化叫自然退化，即长期干旱、风蚀、水蚀、火灾、沙尘暴、鼠、虫害等自然因素作用及未利用条件下的退化。在长期干旱条件下草原物种多样性降低，生产力下降，群落逐步向旱生化、灌丛化、荒漠化发展，地表裸露，易风蚀沙化、水土流失；风蚀、沙尘暴作用下土层变薄、地表砾质化、沙化；水蚀作用下土壤流失严重，土壤肥力迅速下降；火灾、鼠、虫害作用下植被退化、优良牧草减少、杂草和毒草增加、草地沙化、草原生态环境破坏、畜牧承载能力降低。草原长期未利用，凋落物多且厚，降低植物光合作用，土壤养分和能量循环发生改变，物种多样性

内蒙古沙化（退化）草原（摄影：红梅）

及草地生物量降低，草原退化。（红梅）

 **过度放牧为什么会导致草原退化？**

　　家畜通过采食和践踏来影响草原植被及土壤，草原退化就是植被和土壤的双重退化过程。过度放牧对植被的影响有：植物群落高度、盖度、植被地上生物量、枯枝落叶量及根系生物量降低，尤其优良牧草种类迅速减少，草地生物多样性降低，植物群落结构单一化，进入土壤的有机物减少。对土壤的影响有：土壤容重上升，紧实度增加，渗透能力下降，水土流失加重，土壤矿质养分减少，土壤粗粒增加，团粒结构减少，矿化速率加强，腐殖化速率降低，有机质含量减少，土壤易沙化、盐碱化和贫瘠化。（郑海春、红梅）

轻度

中度

重度

不同放牧强度下的内蒙古短花针茅荒漠草原（摄影：红梅）

## 188. 草原土壤剖面有什么特征？

腐殖化特征：夏季雨热同期，植物生长繁茂，归还土壤的有机物较多，冬季寒冷，微生物分解活动受到抑制，有机物以腐殖质的形式积累于土壤中。而且，因不同土壤类型所处的水热条件的差异，植被类型及根系分布深度不同，腐殖质积累厚度、颜色深浅表现不同。

钙积化特征：在干旱半干旱条件下，降水只能淋洗易溶性的氯、硫、钠、钾等盐类，而钙镁等盐类只部分淋洗，部分仍残留于土中。因此，土壤胶体表面和土壤溶液的钙镁饱和度高，土壤呈中性或碱性。土壤中的部分钙离子和植物残体分解所产生的碳酸结合形成碳酸氢钙并移动，且以碳酸钙的形式淀积于土层中、下部，形成钙积层，或者只具有钙积现象。剖面中钙积层出现的位置与降水量、土壤类型及成土母质有关。

草原土壤的剖面构型一般为：Ah–Bk–C。腐殖质层（Ah），土壤类型不同腐殖质层厚度、颜色、结构不同，自东向西逐渐变薄，颜色由深变浅，即由灰黑变为栗色、棕色，结构由粒状结构

新疆高山草原土壤剖面及景观（摄影：徐明岗）

逐步变为块状结构或无结构；钙积层（Bk），灰白色的菌丝状、斑块状的碳酸钙淀积；母质层（C），成土母质的类型多，一般有冲积、洪积、坡积、风积、黄土等母质。（红梅）

## 189. 草原土壤开垦为农田会有什么变化?

人类为满足各种需求对草原土壤进行无序开垦，造成草原植被破坏、地表侵蚀沙化，在风力作用下逐步形成流动沙丘或导致腐殖质层消失，钙积层裸露，影响区域生态环境，导致干旱加重、径流减少、河流断流、湖泊干涸、草地生态功能下降。（高娃）

开垦后被迫撂荒的栗钙土（摄影：红梅）

## 190. 什么是湿地?

湿地是指天然或人工、长久或暂时的沼泽地、湿原、泥炭地或水域地带，带有静止或流动的淡水、半咸水或咸水水体者，包括低潮时水深不超过6米的水域。湿地这一概念在狭义上一般被认为是陆地与水域之间的过渡地带；广义上则被定为地球上除海洋

（水深6米以上）外的所有大面积水体。湿地有生物多样性、生态脆弱性、生产力高效性、效益的综合性和易变性等特点。湿地养育了鸟类、哺乳类、爬行类、两栖类、鱼类和无脊椎物种，也是植物遗传物质的重要储存地。湿地广泛分布于世界各地，拥有众多野生动植物资源，是重要的生态系统。很多珍稀水禽的繁殖和迁徙离不开湿地，因此湿地被称为"鸟类的乐园"。（郑海春）

河北白洋淀湿地（左）和黑龙江千鸟湖湿地（右）

（摄影：徐明岗、郑海春）

## 191. 为什么说湿地是地球之肾？

湿地是地球生态系统的重要组成部分，具有可调蓄洪水、净化水质、生物栖息等功能，是地球"过滤器"，所以称之为地球之肾。湿地生态系统通过物质循环、能量流动以及信息传递将陆地生态系统与水域生态系统联系起来，是自然界中陆地、水体和大气三者之间相互平衡的产物。湿地的独特生境使它具有丰富的陆生与水生动植物资源，是世界上生物多样性最丰富、单位生产力最高的自然生态系统。湿地可以防止海水入侵，防止土地盐碱化；湿地渗入到蓄水层的水，可成为浅层地下水系统的一部分，使之得以保存和补充；湿地像天然的过滤器，它有助于有毒物和杂质（农药、生活污水和工业排放物）的沉淀和排除；湿地中的挺水、浮水和沉水植物，能够在其组织中富集金属及一些有害物质，并参与解毒过程，对污染物质进行吸收、代谢、分解、积累及水体净化，起到降解环境污染的作用，如同肾能够帮助人体排泄废物，起到"排毒""解毒"的功能，维持新陈代谢。（高娃）

内蒙古额尔古纳湿地（摄影：高娃）

## 第四部分
CHAPTER 4

# 土壤环境功能及其保护

**192.** **常见的"土壤病"有哪些?**

　　健康的土壤是人类赖以生存的基础。现实生活中,在耕地上种庄稼,几乎所有的措施都要通过土壤才能发挥作用,一个好的措施不仅对作物好,也对土壤好,会使农业生产事半功倍;如果某些措施对作物有利,而对土壤有害,那么不仅对作物生长作用有限,还会影响土壤健康,使土壤出现"亚健康""病态"甚至死亡。一般来说,农田常见的十大土壤病是:土壤耕作层变浅;

花生连作障碍防治试验(江西鹰潭站,摄影:徐明岗)

土壤有机质含量降低；土壤结构破坏、板结严重；土壤趋于酸化；土壤次生盐碱化；土壤氮、磷、钾元素营养比例失调；土壤污染；土壤植物系统病如重茬病、连作障碍、再植障碍等；土壤侵蚀；设施农业土壤综合障碍病。（邸佳颖）

## 193. 土壤生病了该如何"医治"？

耕地土壤一旦有病，作物就如无本之木、无源之水，不能正常生长，对它施加的生产措施的作用和效果也会大打折扣，不仅难以获得高产，还会降低土壤的使用寿命，给人类的生存产生巨大危害。因此，土壤出现"生病"恶化状况后，必须要采取合理的措施进行"医治"。"保健耕作、保健施肥、保健灌水、保健轮作"，恢复或重建健康的土壤—植物系统，提高土壤—植物系统的抗逆能力和生产能力，可以有效防治耕地土壤病。（邸佳颖）

湖南浏阳多熟制不同轮作方式（轮作是防治土壤各种病症最常见、最有效的方法）（摄影：徐明岗）

## 194. 什么是土壤障碍因子，有哪些类型？

土壤障碍因子是指土体中妨碍植物正常生长发育的性质或形态特征，这些性质或形态特征可能是某类土壤或某个区域土壤所共有的，也可能是由气候条件、成土母质，或者是由人为耕作活动所引起，如施肥、灌水、连作、设施栽培等。土壤障碍因子主要包括有机质贫乏、养分匮乏或非均衡化、土壤酸化及酸性过强、土壤盐渍（碱）化、沙化及沙性过强、土壤黏化、潜育化、表土流失、干旱、积水、漏肥及连作障碍等。一般而言，耕层或犁底层的障碍因子对植物的影响最大。土壤障碍因子的存在是导致作物生长不良、产量较正常土壤低30%以上甚至绝收等的重要原因。改良土壤障碍因子、提高土壤生产力，是土壤学研究的重点和热点问题之一。（曾希柏、孙楠、俄胜哲）

南方酸性贫瘠化红壤（左）和南疆盐渍沙化土壤（右）（摄影：曾希柏）

## 195. 什么是土壤退化？

土壤退化是指在各种自然，特别是人为因素影响下，土壤的生产能力、保蓄养分和水分能力、环境调控潜力下降（包括暂时性的和永久性的）甚至完全丧失的物理、化学或生物学过程，也是导致土壤数量减少和质量降低的重要原因。土壤退化包括过去的、现在的和将来的退化过程，是土壤环境和土壤理化性状恶化的综合表征。土壤退化的主要类型有土壤侵蚀、土壤荒漠化、土壤盐碱化、土壤贫瘠化、土壤潜育化和土壤污染。

通常，土壤退化主要表现为有机质含量下降、营养元素减少或非均衡化、土壤结构破坏、土壤侵蚀、表土层变浅或易板结，以及土壤盐渍化、酸化、沙化等。其中，有机质含量下降是土壤退化的主要标志；在干旱半干旱地区，原本稀疏的植被受到破坏导致土壤沙化，同样是一种非常严重的土壤退化。土壤退化的结果不仅使土壤质量下降，甚至使土壤丧失其使用价值。（曾希柏、俄胜哲）

黑土坡耕地水土流失景观（左）和新疆沙化土壤景观（右）
（摄影：魏丹、徐明岗）

## 196. 土壤障碍因子和土壤退化的关系是什么？

土壤障碍因子是指土体中妨碍植物正常生长发育的性质或形态特征，如土壤酸性过强、土壤盐碱化、土壤层次分布不良、土壤沙性过强、土壤中亚铁和有机酸等还原性物质含量过高、土壤结核等，均属于土壤障碍因子。而土壤退化则是指在各种自然及人为因素影响下所引起土壤的农业生产能力、土地利用和环境调控潜力下降的过程。因此，二者的关系实际上在一定程度上可以表述为过程与结果的关系，但二者既相互关联，又有较大的区别。在土壤退化的过程中，由于相关因子逐渐变化，如养分含量不均衡或下降等，这种变化逐渐累积并加剧，最终可形成土壤障碍因子。当然，并不是所有的土壤障碍因子都是由土壤退化所引起的，在成土过程中的一些因素也可形成土壤障碍因子，成土母质的一些不良性质亦是土壤中障碍因子的重要成因；而同时，土壤障碍因子的存在则可能导致土壤的进一步退化。（曾希柏、俄胜哲、孙楠）

## 197. 人类活动究竟使土壤流失加速了多少？

人类砍伐森林、开荒耕作的过程会加快土壤冲蚀流失的速度，这一点已经是人们的共识。而在最近的一项研究中，地质学家们首次对此给出了量化的结果：与自然状态相比，人类活动可以使土壤流失速度增长百倍之多。在人类的影响下，几十年内损失的土壤可能相当于自然状态下上千年的流失量。

植物覆盖能显著减少坡耕地的水土流失（四川蒲江，摄影：徐明岗）

大自然需要100~1 000年才能够产生1厘米的土壤，可是如果人类不好好保护土壤，单是一次大降雨或刮暴风，这1厘米的土壤就会轻易消失。

据估计，目前地球流失土壤的速度比补充土壤的速度要快10~20倍。土壤退化的最大主因就是土壤侵蚀。地球每年因为土壤侵蚀而流失的表土达250亿~400亿吨。根据预测，若人类再不采取行动，到2050年，土壤侵蚀导致的作物损失可能占全球作物总量的10%。（李玲）

梯田和等高种植能显著减少坡耕地的水土流失

（湖南桃源站，摄影：徐明岗）

## 198. 土壤酸化是如何形成的？

　　土壤酸化是指土壤的pH降低、盐基饱和度减小的过程。植物吸收养分的同时向土壤分泌质子，可能引起土壤酸化；植物代谢产生二氧化碳、可溶性有机酸、酸性有机残余物等，解离出质子与盐基交换，使盐基从表层土壤中淋洗掉，也可引起土壤酸化；还原态氮和硫氧化产生酸使土壤酸化；空气中的二氧化碳溶解于水产生碳酸、大气酸沉降等，也可引起土壤酸化。土壤内如有机氮矿化和硝化、有机硫矿化和氧化、有机磷矿化，以及金属离子的络合、铵离子的硝化等也可产生氢离子并引起土壤酸化；土壤由还原态变为氧化态时，还原性物质如硫化氢、硫化铁、亚铁离子等的氧化反应中都产生氢离子，也可能使土壤发生酸化。在土壤溶液中水的自动离解也产生氢离子，而且由于这种离解反应是可逆的，即氢离子可以源源不断的产生，因此，尽管其产生的量很小，也可能会使土壤酸化。酸沉降加速土壤酸化，大量酸性物质输入土壤，使土壤接受更多质子，不可避免酸化；酸雨中的阴离子加速盐基离子的淋失；黏土矿物层间铝、有机螯合态铝活化；输入的氮硫被氧化并与土壤有机质作用，产生更多有机酸，形成次生酸化。（曾希柏、孙楠、俄胜哲）

严重酸化的红壤（摄影：袁金华）

## 199. 土壤对酸和碱具有抵抗力吗？

在自然条件下，土壤缓冲性使pH不因土壤酸碱环境条件的改变而发生剧烈的变化，而是保持在一定的范围内，避免因施肥、根的呼吸、微生物活动、有机质分解和湿度的变化而引起pH强烈变化，为高等植物和微生物提供一个有利的环境条件。

土壤胶体上吸收的盐基离子多，则土壤对酸的缓冲能力强；当吸附的阳离子主要为氢离子时，对碱的缓冲能力强。影响土壤缓冲性的因素主要有3个：①黏粒矿物类型：含蒙脱石和伊利石多的土壤，其缓冲性能也要大一些；②黏粒的含量：黏粒含量增加，缓冲性增强；③有机质含量：有机质含量高，缓冲性增强。（李玲）

## 200. 我国土壤酸化程度如何？

从20世纪80年代早期至今，几乎在中国发现的所有土壤类型的pH都下降了0.2～0.8个单位，而在自然条件下，这个数量范围的pH下降"通常需要200万年的时间"。也就是说，由于人类不合理生产活动的影响，大大加速了我国土壤酸化，将会给生态环境和

典型酸化红壤景观（摄影：周海燕）

人类生存造成重大的危害。

我国酸性土壤的面积约为20万千米$^2$，占全国总面积的21%左右。我国土壤的酸化主要发生在南方，特别是红、黄壤。这些酸性土壤大部分pH<5.5，其中较多的pH<5.0，甚至低至4.5。这些土壤在不合理的土地利用、耕作管理下，酸化程度日渐严重，成为农业生产障碍因子。（李玲）

## 201. 土壤酸化会给粮食生产带来哪些不利影响？

土壤中含有大量含铝的氢氧化物，土壤酸化后，可加速土壤中含铝的原生和次生矿物风化而释放大量铝离子，形成植物可吸收形态的铝化合物。植物长期和过量地吸收铝，会中毒，甚至死亡。酸雨还能加速土壤矿物质营养元素的流失；改变土壤结构，导致土壤贫瘠化，影响植物正常发育；酸雨还能诱发植物病虫害，使作物减产。（周海燕）

红壤酸化导致作物减产乃至绝产（湖南祁阳长期试验，摄影：徐明岗）

**如何防治土壤酸化？**

防治土壤酸化主要可采取源头控制、应用酸性土壤改良剂、优化农业管理措施三个方面措施。源头控制主要包括酸性沉降物的控制和生理酸性化肥施用的控制等方面，前者需要多部门、多学科配合来实现，而后者则主要是在施肥等农艺措施上采取相应的措施来达到目的。酸性土壤改良剂主要包括石灰、碱性矿物和工业废弃物、有机改良剂等，在南方地区，石灰是用来改良酸性土壤和防治土壤酸化的最常见物质，这些物质能够中和土壤中的氢离子，并使土壤胶体中释放的氢离子逐渐被中和从而阻止土壤酸化；农业管理措施的优化主要包括耐酸作物的筛选和定向培育、选择生理碱性肥料、合理安排化学氮肥的施用时间和施用方式、合理的水肥管理和耕作模式等。（曾希柏、俄胜哲、孙楠）

施用土壤改良剂改良酸性土壤（摄影：袁金华）

 **为什么有机肥能有效防治土壤酸化？**

有机肥之所以具有防止土壤酸化的作用，是因为其中的含碳

官能团强化了对$H^+$和$Al^{3+}$的吸附，通过吸附和络合等过程使土壤溶液中游离的$H^+$和$Al^{3+}$与有机胶体结合，从而降低了土壤溶液中$H^+$和$Al^{3+}$的浓度。从容量角度来看，有机物料矿化引起的有机阴离子脱羧基化和碱性物质的释放效应，从而中和土壤中的部分氢离子，从而达到减缓土壤酸化的目的。有机肥自身的碱度也对土壤酸度具有中和缓冲作用，不同种类有机肥的碱度范围为58～373厘摩尔/千克，碳酸钙当量为29～186克/千克，施用碱度较高的有机肥可以有效控制土壤的酸化。（曾希柏、孙楠、俄胜哲）

湖南祁阳红壤长期试验，施用有机肥（最里边的处理）
能有效防治土壤酸化，维持作物高产稳产（摄影：徐明岗）

## 204. 什么是土壤贫瘠化？

　　土壤贫瘠化是土壤退化的一种重要类型，它是土壤环境以及土壤物理、化学和生物学性质变劣的综合表征，是土壤本身各种属性或生态环境因子不能相互协调、相互促进的结果，是脆弱生态环境的重要表现。如土壤有机质含量下降、土壤营养元素亏缺和非均衡化、土壤结构破坏、土壤侵蚀、表土层变薄、土壤板结、土壤酸化及碱化和沙化等，都是土壤贫瘠化的表现。土壤贫瘠化意味着土壤自身养分的容量及储存量减少、对作物的供应能力下降，并可能由此导致保水保肥能力下降，作物得不到正常的养分和水分等的供应，从而引起作物生长不良并导致严重减产。
（曾希柏、俄胜哲、孙楠）

## 205. 如何防治土壤贫瘠化？

　　土壤贫瘠化的防治主要是针对导致土壤贫瘠化的因子采取相应的物理、化学或生物学措施，改善土壤理化性状、提高土壤肥力和保水保肥能力，恢复土壤的健康循环过程。针对土壤养分贫瘠化，人类对土壤养分元素的补充要充分弥补土壤向农作物提供的养分损失，防止土壤向贫瘠化方向发展；土壤结构不良可以通过施用有机肥、施用土壤改良剂、种植绿肥、增加地表覆盖以及秸秆还田等方式来改善土壤结构，增强土壤的保水保肥能力，防

选择耐性强的植物改良盐碱土（摄影：徐明岗）

止土壤侵蚀、土层变薄和土壤沙化；土壤的酸化和碱化可以通过施入土壤调理剂、筛选耐酸或耐碱的植物、实行合适的轮作制度和施肥制度等措施来改善。（曾希柏、俄胜哲、孙楠）

## 206. 什么是土壤养分非均衡化？

土壤养分非均衡化是土壤养分退化的一种重要表现形式，主要表现为某些营养元素如氮、磷等在土壤中（特别是表层）的过度富集，或某些营养元素如钾、中微量元素等的过度缺乏等，从而引起土壤养分不平衡即非均衡化。长期不平衡施肥或长期高强度连作，由于作物对养分的吸收比例与土壤中含量的差别，被作物所吸收的那部分养分得不到有效补充，土壤中的相应养分被逐渐消耗，最终导致土壤养分的非均衡化。（曾希柏、孙楠、俄胜哲）

## 207. 如何防治土壤养分非均衡化？

防治土壤养分非均衡化首先是要根据土壤养分的实际状况补充匮缺的元素，使其逐步恢复到正常含量水平，因此，实行科学的平衡施肥制度和合理的耕作管理措施是关键。在施肥方面，采用测土配方施肥技术，因土施肥、平衡施肥、化肥和有机肥配合施用，可以有效促进土壤中养分的平衡，防止因土壤中某种养分过分消耗等所导致的非均衡化。在作物种植制度方面，采用轮作倒茬以及复种绿肥的方式，可以补充作物从土壤中带走的养分，并防止一种或几种养分的过度消耗而导致非均衡化。同时，为防治土壤养分非均衡化，应建立土壤养分非均衡化的诊断方法及指标体系，根据诊断方法对土壤养分状况进行诊断，依据诊断结果，找出土壤养分非均衡化的限制因子，提出均衡调控的技术模式。（曾希柏、孙楠、俄胜哲）

四川广安测土配方施肥试验田（摄影：徐明岗）

## 208. 土壤中的钙积层和钙磐是怎样形成的？

钙积过程是干旱、半干旱地区土壤中的碳酸盐在垂直方向发生移动积累的过程。在季节性淋溶条件下，由矿物风化所释放出的易溶解类物质大部分被淋失，硅铁铝等氧化物在风化壳中基本不发生移动，而最活跃的标志元素是钙（镁），土壤胶体表面以及地下水和土壤水几乎为钙（镁）所饱和，存在于土壤上部土层中的石灰以及植物残体分解释放出的钙，在雨季以重碳酸钙形式向下移动，达到一定的深度时，以碳酸盐形式累积下来，形成钙积层，但未胶结或硬结形成钙磐。钙积层在土体中出现的深浅，随气候的干旱程度增加而逐渐上移，这与钙随水分运移的距离直接相关，干旱地区的钙积层多出现在20~30厘米深处，半干旱地区则多出现在40~50厘米深处，而湿润地区则一般出现在60~80厘米或更深。钙积层的形成一般需满足以下条件：①厚度≥15厘米；②未胶结或硬结成钙磐；③碳酸钙相当物含量为150~500克/千克。

钙磐是碳酸盐胶结或硬结，形成连续或不连续的磐层，需具备以下全部条件：①除直接淀积在坚硬的基岩上者外，厚度一般≥10厘米；②此层厚度（厘米）与碳酸钙相当物（克/千克）的乘积≥2 000；③干时用铁铲铲时难以穿入，干碎土块在水中不消散。（曾希柏、俄胜哲）

**209.** 如何消除土壤中的钙积层或钙磐？

钙积层或钙磐一般质地偏重、坚硬，通透性较差，可阻隔水分入渗和向上运输，同时使土壤的水肥供应和保蓄能力大幅度下降，严重影响植物根系的生长以及对土壤水的吸收利用，由此导致作物根系生长不良、养分和水分吸收差，最终导致减产。深松和深耕可以打破土壤中的钙积层，具有改善土壤理化性质的作用，对土壤硬度、土壤容重、土壤含水率和作物产量有积极影响，但消耗的动力较大。近年来，也有学者提出利用微爆破技术来消除土壤中的钙积层，这样可以起到事半功倍的效果，既节省了工程量又有效消除了土壤中的钙积层或钙磐，但微爆的方式、强度、深度、爆破点密度等仍值得研究和重视，因为如果钙积层全部破坏，可能会导致土壤丧失其保水保肥的能力。（曾希柏、俄胜哲）

**210.** 土壤中黏化层和黏磐是怎样形成的？如何消除？

黏化层是土壤中原生矿物分解生成次生黏土矿物并在土体中积聚，并由此形成的黏重土层。这些黏土矿物大都属于次生硅酸盐黏土类，它们相对稳定，不发生分解和破坏，在土壤中多以胶体存在，吸附水分和离子，对土壤保水保肥性及团粒结构的形成都具有重要意义。黏化过程主要分为：①残积黏化，主要发生在干草原和荒漠地区，特点是矿物就地黏化，不涉及黏土物质的移动和淋失，黏化层无光性定向黏土出现；②淀积黏化，发生在温暖湿润地区，黏粒受淋溶作用从主体上部向下移动并于底层淀积，形成淀积黏化层，特征是黏化层具光性定向黏土；③残积—淀积黏化，为上述两种类型的过渡形式，一般发生在半干旱和半湿润地区，特点是黏粒在淀积层中含量最高，但在淀积层下部含量稍低，而光性定向黏土在淀积层下部出现明显，说明在残积黏化作用下形成的黏粒有少部分下移。

黏磐是一种黏粒含量与表土层或上覆土层差异悬殊的黏重、紧实的土层。其黏粒主要来自母质，也有一部分来自上层的淀积。黏磐一般具有以下条件：①可出现于腐殖质表层或漂白层之下，也可见于更深部位，厚度≥10厘米；②具有坚实的棱柱状或棱块状结构，常伴有铁锰胶膜和铁锰凝团、结核；③与腐殖质表层相比，其总黏粒数量增加与黏化层规定相同，而总黏粒含量与漂白层黏粒含量之比≥2；④某些部分有厚度≥0.5毫米的淀积黏粒胶膜；⑤在薄片中，除上述铁锰形成物外，并有大量黏粒形成物，其中主要是沿水平或倾斜细裂隙附近分布的黏粒条带、条块和基质内、粗骨颗粒表面、裂隙附近的各种形式纤维状光性定向黏粒。淀积黏粒胶膜一般 < 1%；若≥1%，则与黏粒条带、条块之比 < 0.3。

黏化层是黏化作用造成的黏粒集聚的结果，具有相对稳定性。要打破土壤中的黏化层，一般可以施用碳酸盐或其他更易溶的物质；动物的扰动、冻融、膨胀也可打破黏化层；深松、深耕及深翻等措施可以打破黏化层。而有机质在土壤团聚等方面的重要作用，尽管其作用过程较长，但增加有机肥的施用量在一定程度上也可使黏化层逐步消失。（倪胜哲、曾希柏）

## 211. 土壤中灰化淀积层是如何形成的？

灰化淀积层是美国土壤分类的诊断层之一。土壤中的铁、铝与有机酸螯合淋溶淀积，导致灰化和灰化淀积层的形成。在稳定有机酸的螯合作用影响下，土壤中的原生与次生矿物分解，铁、铝和锰氧化物及有机质不断由土层表面向下迁移，并在次生表层或土体中部逐渐积累下来，形成了颜色较深的灰化淀积层；残余的二氧化硅则在表层或土体上部的淋溶层中富集，形成颜色很浅的灰化层。灰化作用从热带至北方寒带广大地域的潮湿或非常潮湿的气候条件下都可能发生，但以寒带、寒温带针叶林地区较易发生，因为该地区的植物盐基缺乏，其分解产生酸性较强的有机酸，加强了螯合淋溶淀积作用。（曾希柏、俄胜哲）

## 212. 白浆土是如何形成的？

白浆土是在温带半湿润及湿润条件下上轻下黏母质中，经过白浆化等成土过程形成的具有暗色腐殖质表层、灰白色亚表层——白浆层及暗棕色黏化淀积层剖面构型[即Ah–E–Bt–C（Cg或G）]的土壤。在湿润但又有较明显干湿季节性变动的条件下，土壤处于氧化还原交替的环境中，在雨季，有机质含高量的表层处于水分饱和的还原环境，颜色较深矿物中的铁、锰呈低价易溶态向下淋溶，黏粒部分深色的有机物质也向下淋溶，土壤表层或次层的黏粒含量降低，颜色也逐渐变浅。向下淋溶的$Fe^{2+}$和$Mn^{2+}$随渗透水和黏粒下移到土壤的中下部，由于水分减少，遇空气氧化为高价的$Fe^{3+}$和$Mn^{4+}$，并在土壤颗粒表面淀积下来形成胶膜。黏粒的淀积形成黏重的淀积层加重了表层的滞水现象，使表层的$Fe^{2+}$、$Mn^{2+}$和黏粒进一步向下淋移。这样，土壤次表层的质地逐步粉粒化，颜色进一步变浅，几乎变为白色。氧化还原交替引起的铁解作用是白浆化作用的主要机制。白浆化过程产生的白浆土是东北三江平原分布面积较大的低产土壤。（曾希柏、俄胜哲）

**如何治理白浆土？**

　　白浆土是三江平原地区主要低产土壤之一，从其理化性状看，白浆土尽管可能存在耕层速效磷含量低、氮磷比例失调的问题，但最大的障碍还在于白浆层。该层土壤紧实且硬度过大、有效水含量低，由于出现部位浅，导致耕层浅薄，作物根系下扎困难，且土体中水分上下运移受阻，易发生表旱表涝现象。因此，消除白浆层的障碍作用是白浆土改良的主要目标。

　　改良白浆土的技术措施包括生物改良、耕作改良及施肥改良等。生物改良措施主要以种植牧草为主，选择根系发达、穿透力强、耐瘠薄、生命力强的牧草，使牧草根系穿透白浆层，增加白浆层中有效孔隙的数量，提高白浆层的有机质含量。耕作措施是采取适当深翻或深松，改善土壤三相比例，促进白浆层土壤疏松；或者逐年加深耕翻深度并配合施用有机肥，逐年消除白浆层。施肥措施是通过掺沙或粪沙混合施用，改善土壤黏性，提高土壤孔隙度，改善土壤水分状况；施用草炭或有机肥料，也可改善土壤的孔隙状况，增加土壤养分，提高土壤渗透性和水分保蓄能力等。（曾希柏、俄胜哲、孙楠）

深松心土层改良白浆土（照片：魏丹）

## 214. 什么是土壤盐渍化?

土壤盐渍化广义上还包括盐碱化,是指在自然或者人为因素的影响下,土壤底层或地下水的盐分随毛管水上升到地表,水分蒸发后,盐分在表层土壤中积累的过程,是由于特定自然条件的综合影响和农艺及灌溉措施操作不当而导致的土壤动态退化过程。自然因素造成的土壤盐渍化时间较长,并且需要特定的地质过程或气象、水文等因素的综合作用,但其范围广、面积大,一般属于原生盐渍化。人为因素造成的土壤盐碱化一般属于次生盐渍化,主要表现为农艺措施的粗放和不科学、灌溉体系的不完备以及管理不到位等,有次生性、地区性、集中性等特点。我国盐渍土的分布范围广、面积大、类型众多,总面积约1亿公顷,主要发生在干旱、半干旱和半湿润地区。盐碱土中的可溶性盐主要包括钠、钾、钙、镁等的硫酸盐、氯化物、碳酸盐和重碳酸盐,硫酸盐和氯化物一般为中性盐,而碳酸盐和重碳酸盐则为碱性盐。

(俄胜哲、曾希柏、孙楠)

甘肃盐渍化的土壤(摄影:俄胜哲)

## 为什么石膏能改良盐碱土？

土壤胶粒长期与盐碱土中的$Na_2CO_3$、$NaHCO_3$、$NaCl$等接触成为含$Na^+$的胶体粒子，含$Na^+$胶体粒子在土壤中水化度很大，分散性强，能散布在土壤颗粒间的细缝中，使其形成致密、不透水的板结土层。在不易透水的含$Na^+$板结土层中掺入石膏后，因$Ca^{2+}$比$Na^+$对土壤中胶体的吸附能力强，已被土壤胶体吸附的$Na^+$会和土壤溶液中的$Ca^{2+}$发生离子交换，而含$Ca^{2+}$胶体微粒的外层不吸附水分子，胶体微粒自己能互相靠近而团聚，不分散在土壤细缝中，土壤就难于板结。水分子渗入微粒间时会使微粒发生膨胀，而在干燥过程中土壤则发生龟裂，这个过程反复进行后，土壤就形成团粒结构，从而有利于农作物根系生长和水分吸收。同时，钙离子与土壤中的$CO_3^{2-}$、$HCO_3^-$发生沉淀反应，降低因$CO_3^{2-}$、$HCO_3^-$引起的土壤高pH，$Na^+$被置换下来后形成的$Na_2SO_4$可随水移动排出土体，进而降低盐碱土的pH。（俄胜哲、曾希柏、孙楠）

施用脱硫石膏改良盐碱土效果显著（摄影：徐明岗）

## 216. 为什么有机肥能改良盐碱土？

有机肥能改良盐碱土的主要原理：一是通过改变土壤胶体吸附性阳离子的组成，改善土壤的结构，防止返碱。二是调节土壤pH，改善土壤的养分状况，防止盐碱的危害。有机肥中的腐殖质通过与土壤胶体复合形成有机无机复合体，可使土壤容重降低、孔隙度增加、保水性增强、水分蒸腾降低，使土壤表层盐碱因降雨或灌溉而被淋洗，表层土壤孔隙度增加，减少了深层土壤中水分向上运移，降低了盐碱在表层土中的积累量，促进了淋洗降盐和保水压盐。腐殖酸是一种有机弱酸和弱酸盐，也是一种有机大分子的两性物质，其阳离子交换量大，所具有的有机官能团对$H^+$有较大的缓冲能力；当土壤过碱时，腐殖酸的酸性功能团释放出的$H^+$与金属离子进行交换，可使碱性降低；此外，腐殖酸还具有对盐碱离子的螯合、吸附和离子交换作用。腐殖酸分子中含有的含氧酸性官能团，包括芳香族和脂肪族结构上的羧基和酚羟基等，能以离子键和共价键的形式与金属离子形成络合物或螯合物，这些官能团具有化学活性和生物活性，使腐殖酸具有很强的离子交换能力。在改良盐碱化土壤的过程中，腐殖酸还能够吸附20%的游离$Na^+$，使盐碱土的碱性得到明显改善。（曾希柏、俄胜哲）

## 217. 如何耕作改良和利用盐土与碱土？

深耕或深翻是盐渍土改良中常用的栽培耕作措施。深耕可以降低土壤容重，改善土壤通透性，促进作物根系发育，显著提高作物产量的效果。深翻可以粉碎心土层，提高土壤导水性能，尤其是当盐渍土具有弱透水层或不透水层时，这种作用更明显。秋翻春泡效果好，秋季耕翻晒垡，风干耕土，可促进土壤微生物的活动，翻耕能切断土壤毛管孔隙、抑制深层的盐分向上运移。

平整土地对改良盐碱地极为重要，相同水文地质条件下，不平整的地面排灌不畅，会导致耕地表层留有尾水，高地先干，造成返盐，形成盐斑。平整土地可使表土水分的蒸发一致，均匀下渗，便于控制灌溉定额，保证灌溉质量。整地是削高垫低，使地表平整，防止高处聚盐和低洼积盐，降低耕层土壤盐分。

铺沙压碱是改良盐碱地的一种主要手段，掺沙可增加土壤孔隙度、增强土壤的通透性，进而使得盐碱土中水盐运动规律发生改变，在雨水的作用下，盐分从表层土淋溶到深层土中。此外，掺沙还可减少土壤水分的蒸发，从而抑制深层土壤的盐分向上运动，降低表土层的碱化度降低，因而起到了压碱的作用。（俄胜哲、曾希柏）

农户平整土地改良盐碱土（摄影：俄胜哲）

 **如何防治土壤次生盐渍化？**

土壤次生盐渍化是由于不合理的耕作灌溉而引起的，因此，土壤次生盐渍化的防治措施主要包括：①控制灌区多引和超引水，提高水资源的有效利用；进行渠道防渗，减少输水损失；加强灌溉管理，计划节约用水；提高灌溉技术，降低灌溉定额，以达到减少对灌区地下水的补给。②加强灌区排水，把地下水位控制在临界深度以下，根据不同地段的情况采用明排、竖排、暗排、扬排及干排，对明渠排水要加强管理，及时清淤，保证排水畅通。③大力植树造林，增加灌区林木覆盖，降低风速，减少蒸发，增加空气湿度，改善农田小气候，发挥生物排水作用。④种植苜蓿、绿肥等作物，并发展间套作，提高复种指数，增加地面覆盖，减少蒸发返盐；推行秸秆还田，增加土壤有机质含量。（俄胜哲、曾希柏）

采用膜下滴灌降低灌水量防治土壤次生盐渍化（摄影：俄胜哲）

## 219. 沙化是如何形成的？

沙化是指土地因受风沙侵袭或水土流失等原因使含沙量增加而导致土壤退化的现象。土地沙化的原因较多，主要由于过度放牧、农田开垦和水资源的无序利用等人为原因造成大面积植被破坏，地表因失水而变得干燥，土壤黏性降低使得土粒容易分散。同时，地面裸露使土壤容易直接被水力侵蚀，从而导致细颗粒物质被带走，土地逐渐沙化，进而使土壤贫瘠化、粗粒化，相应的土地演变成荒地。土地沙化是我国当前面临的最为严重的生态环境问题之一，不仅使生态环境恶化，导致沙区贫困，也是我国生态建设的重点和难点。（蔡崇法）

土壤沙化景观（摄影：夏栋）

## 220. 如何防治土壤沙化？

　　土壤沙化的防治重在防。防治重点应放在农牧交错带和农林草交错带，在技术措施上要因地制宜，主要有以下5个措施：①营造防沙林带。种植防沙林有助于土壤涵养水源，降低风速，防止土壤中细颗粒流失，对控制土壤沙化有显著的效果。②实施生态工程。生物措施与工程措施相结合，实行因地制宜的生态工程是防治土壤沙化的有效措施。③合理开发水资源。这一问题特别是在干旱少雨的地区显得尤为重要。地区水资源因合理规划，积极调控河流上、中、下游流量，避免下游地区的土壤沙化。④控制农垦。土地沙化正在发展的农区，应合理规划，控制农垦。草原地区原则上不宜农垦，旱粮生产应因地制宜控制在沙化威胁小的地区，同时减少放牧量，实行牧草与农作物轮作，培育土壤肥力。⑤完善法制，严格控制破坏草地。在草原、土壤沙化地区，工矿、道路以及其他开发工程建设必须进行环境影响评价。对人为盲目垦地种粮、破坏土地资源等活动要依法从严控制。（蔡崇法）

## 221. 什么是土壤侵蚀？

土壤侵蚀是土壤或其他地面组成物质在水力、风力、冻融、重力等外营力作用下，被剥蚀、破坏、分离、搬运和沉积的过程。狭义的土壤侵蚀仅指"土壤"被外营力分离、破坏和移动。根据外营力的种类，可将土壤侵蚀划分为水力侵蚀、风力侵蚀、冻融侵蚀、重力侵蚀、淋溶侵蚀、山洪侵蚀、泥石流侵蚀及土壤塌陷等。侵蚀的对象也并不限于土壤及其母质，还包括土壤下面的土体、岩屑及松软岩层等。人类活动对土壤侵蚀的影响日益加剧，它对土壤和地表物质的剥离和破坏，已成为十分重要的外营

土壤侵蚀景观（摄影：邓羽松）

力。因此，全面而确切的土壤侵蚀涵义应为：土壤或其他地面组成物质在自然营力作用下或在自然营力与人类活动的综合作用下被剥蚀、破坏、分离、搬运和沉积的过程。（蔡崇法）

## 222. 植物篱的形式和作用分别有哪些？

植物篱也叫活篱笆，是指由植物组成的较窄的植物带（行），其根部或接近根部处互相靠近，形成一个连续体。植物篱是一种传统的水土保持措施，具有分散地表径流、降低流速、增加入渗和拦截泥沙等多种功能，生态效益、经济效益均显著；对于水土流失严重的山丘区来讲，植物篱不仅可以控制水土流失，而且可以增加农产品产量，围栏养畜，美化环境，一举多得。土地生产力方面，植物篱能改善退化的土地和坡耕地的生产力，增加土壤有机质，提高农作物产量。植物篱一般由常绿多年生固氮植物组成，许多固氮植物嫩枝叶含有丰富的粗蛋白，是优良的牲畜饲料，可以通过发展养殖业提高农民经济收入，促进山区产业结构的转变。此外，植物篱还可提供薪柴，缓解居民的生活能源问题，有利于保护植被。植物篱还可用于果园、桑园及建立饲料林等，在水土保持的同时减少化肥、农药和除草剂的使用。（蔡崇法）

植物篱示意图（摄影：丁树文）

## 223. 蓄水沟的形式和作用分别有哪些?

蓄水沟一般设计为梯形断面形式,在山坡上沿等高线顺自然地势开挖,是水土保持措施的一种,常见的是水平竹节沟。在小流域坡面治理中还经常用到台阶式蓄水沟,即在原梯形断面蓄水沟的基础上增设一个台阶,并将植物幼苗种植于台阶上。蓄水沟的集水保墒作用十分显著,可削减径流模数,在一定范围内淤积泥土,蓄集雨水,拦截坡面径流,减少泥沙下泄,从而减少水土流失,巩固和保护治坡成果,增加生态效益。它有效地蓄积了天然降水以及地表流失的土壤和枯枝落叶,增加了土壤肥力,提高了植被的抗旱能力,促进了植物的生长,可以确保稳产丰产,提高经济效益。此外,蓄水沟具有投工少、操作简单、效益显著、群众易接受等优点,具有很大的应用价值。(蔡崇法)

蓄水沟示意图(摄影:丁树文)

## 224. 为什么说中国梯田是世界之最?

梯田是在丘陵、山区坡地上沿等高线修筑的台阶式田块,是劳动人民长期利用自然发展生产力的产物,在我国已有数千年的历史。修筑梯田能改变微地形，消除或减缓地面坡度，降低径流流速，削减径流冲刷动力，提高降水就地入渗量，起到保水保土保肥的作用。中国早在秦汉时期就开始有梯田。种植水稻需要大面积的水塘，而中国东南省份却多丘陵而少适于种植水稻的平原地形，为了解决粮食问题，移居至此的农民构筑了梯田，用一道道的堤坝涵养水源，使在丘陵地带大面积种植水稻成为可能，解决了当地的粮食问题。中国梯田分布面积广且作物产量较高，主要分布在江南山岭地区，其中广西、云南、贵州居多，尤其以云南哀牢山元阳梯田、广西龙胜龙脊梯田和湖南新化紫鹊界梯田较为出名。梯田的建造方面，我国农民还根据实际情况对梯田的形式进行了各种各样的改造，它是农民长期的劳动成果，是智慧的结晶。（蔡崇法）

世界闻名的中国龙胜梯田（摄影：徐明岗）

## 225. 我国南方和北方梯田有什么不同？

梯田在不同的地方叫法不完全一样，北方地区梯田一般指水平梯田，南方地区有的把坡耕地上修成能种水稻的田块叫作梯田，而把旱作物的田块叫梯地，也有把梯田称作水平条田。南北梯田主要有以下区别：一是种植制度不同。南方多雨，气候湿润，常用来种植水田作物；而北方少雨，气候相对干燥，一般用来种植旱作植物。二是规格不同。南方梯田一般位于丘陵少田地区，梯田常修筑于陡坡上，梯田宽度小，并且由于地形破碎，梯田有时并不是整齐排列的；而北方梯田修筑的地点坡度相对稍缓，并且地块的宽度大于南方梯田。三是材料不同。北方多土埂梯田和少数的石坎梯田，而我国南方地区则多石埂梯田。四是数量不同。南方梯田数量多，北方梯田数量相对较少。（蔡崇法）

## 226. 土壤剖面构型不良的影响有哪些？

土壤是非均质体，从地面向下挖掘而暴露出的垂直剖面可分化出不同层次，这种不同层次的组合称为土壤剖面构型。良好的土壤剖面构型表现为土层深厚，无障碍层，质地既不过沙也不过黏，如黄淮平原地区的蒙金型潮土，其上部为沙壤，下部为黏

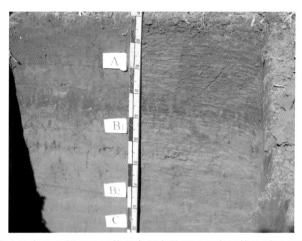

通体偏沙的高沙土剖面（江苏省泰州市姜堰区国家级耕地质量监测点）

（摄影：王绪奎）

壤，保水保肥，有利于作物高产稳产。有些土壤土层厚度不足，被称为薄层型土壤，其蓄水保肥能力较弱，固定根系不牢，导致作物产量低而不稳，如西南地区的紫色土，主要分布在5°~25°的丘陵岗地上，水土流失严重，土层浅薄，抗灾能力差。有些土壤存在障碍层次被称为夹层型土壤，如存在夹沙层的土壤易漏水漏肥，夹盘型土壤由于耕作层下方分布黏盘、铁盘等致密层，影响根系下扎。白浆层、白土层因土壤中钙、镁、锰、铁等盐基离子被淋洗至下层淀积，供应作物养分的能力下降，干旱时土体坚硬，不易耕作，遇雨则滞水包浆。还有些土壤质地通体一致被称为均质型土壤，过黏的均质型土壤旱作时通常耕性不良，过沙的均质型土壤持水保肥能力较差，如长江中下游的高沙土。（王绪奎）

## 227. 如何改良冷浸田？

冷浸田是指山丘谷地受冷水、冷泉浸渍或湖区滩地受地下水浸渍的一类水田。主要分布在中国南方山区谷地、丘陵低洼地、平原湖沼低洼地以及山塘、水库堤坝的下部。冷浸田终年积水，水冷而泥泞，从而导致一系列土壤性质的恶化。特别是水、土温度低、有效养分含量不足、春季土温回升慢，导致秧苗发育迟，同时由于土壤长期在嫌气状态下还会产生大量还原性物质——亚铁离子和硫化物，从而使水稻根系发黑，造成僵苗或死苗。改良冷浸田首先要建立排水系统，降低地下水位。其次要耕翻晒垡，水旱轮作，降低或消除还原性物质的危害。最后要增施磷、钾、硫肥，提高土壤养分供应能力。冷浸田一旦脱水干燥，常会导致有效态磷被固定，因此，增施磷肥也是改良冷浸田的重要措施之一。此外，长期处于还原条件下的冷浸田土壤中钾素流失严重，硫酸盐被还原为硫化氢或硫化铁而造成有效硫含量不足，增施钾肥、硫肥可弥补这个缺陷。（王绪奎）

## 228. 如何改良反酸田？

　　反酸田是沿海地区酸性硫酸盐土经围垦种植水稻后形成的一种以反酸为主、兼有咸害的低产土壤，又称为酸性硫酸盐性水稻土、咸酸田、咸矾田等，主要分布于我国热带、亚热带江河出海口。成土母质是滨海沉积物或河流出口的三角洲沉积物，土壤盐分含量高的原因是由于受海潮长期浸渍，而酸的来源主要是来自红树林的残体。红树林能吸收利用海水中的硫，其残体中的硫化物被氧化成酸。反酸田土壤的有机质、全氮、全磷等养分含量较高，但其含盐量高，酸性强，有效磷缺乏，从而导致插秧后禾苗新根难发，老根变黑，禾苗矮小暗绿，后期叶色变褐，结实率低，严重时可能颗粒无收。改良反酸田的措施主要有3个：①筑围防咸、搞好排灌系统、降低地下水位。②合理排灌。冬天翻耕晒白，使盐分和酸毒物质集中到表土上来，春天引淡水浸田，洗咸洗酸。切忌田面落干，以防止田底硫化物氧化上升。③填土压酸压咸。在表土层铺上一层石灰粉后再填上肥沃表土，可缓解表层土壤极强酸的危害。黏重的咸酸田，还需掺沙施肥，改善土壤的通透性，加厚土层，提高肥力。（王绪奎）

## 229. 为什么说土壤是畜禽粪便的消纳场所？

　　我们的生活水平越来越高，肉蛋奶等消费也在不断增加。目前，我国是世界第一肉类生产大国，畜禽养殖量占世界总量的1/3，畜禽粪便的产生量也达到了惊人的30亿吨/年，这些畜禽粪便主要都去了哪儿了，答案是土壤。

　　"庄稼一枝花，全靠粪当家"，由于畜禽粪便中含有丰富的氮、磷、钾营养物质，是制作有机肥的天然原料，因此数千年来，我国农民一直把畜禽粪便作为提高土壤肥力的主要肥源。合理施用有机肥后，可补充土壤养分，提高土壤有机质含量，提升土壤保肥保水能力，增加微生物数量，改善土壤通透性，加速土壤团聚体的形成，不断提升土壤化学、物理和生物性状。

土壤中生长植物，植物供养了畜禽，畜禽粪便消纳于土壤，土壤质量提升后更好地供应植物生长，这就是畜禽粪便的归宿——土壤。（孙钦平、刘宝存）

畜禽粪便有机肥田间堆制和施用（摄影：徐明岗）

## 230. 为什么说土壤是污水的净化器？

土壤通过物理、化学、生物作用对进入土壤的污水产生净化作用。①物理作用主要是通过土壤颗粒的机械阻留和物理吸附将污水中较大悬浮物（SS）截留在土壤孔隙间，进而从污水中分离出来，是一种比较单纯的净化机制。土壤颗粒的物理吸附作用是指土壤中的黏土和腐殖质具有强烈的活性，能吸附阳离子。②化学作用的表现形式主要包括化学吸附固定、离子交换和化学氧化还原作用。化学吸附发挥着重要的作用，它和氧化还原通常是共同作用的，比如铵根（$NH_4^+$）离子，被吸附后很快被氧化成硝酸根（$NO_3^-$），而从土壤颗粒上脱吸。③生物作用的主体是土壤微生物，水中溶解性污染物通过土壤颗粒外的液膜，扩散到土壤表面，直接或在土壤酶作用下初步分解后，被微生物利用而降解，降解可在好氧或厌氧条件下进行。（李鹏、刘宝存）

污水经土壤渗滤桶得到一定程度净化（摄影：李鹏）

## 231. 为什么说土壤是地下贮水库？

土壤是由固相（矿物质、有机质）、液相（土壤水分）、气相（土壤空气）三相物质组成的疏松多孔介质。通常土壤液相和气相所占的土壤空隙体积可占土壤总体积的50%。因此，土壤空隙可以容纳保持大量的水分，成为地下贮水库，能满足植物生长的需要。水分进入土壤后，受到重力、分子引力、毛管力等作用，以固态水、气态水、吸湿水、膜状水、毛管水、重力水等形式存在，其中毛管水和重力水是植物可以吸收利用的自由水。土壤水分是土壤的重要组成部分，其来源主要来自于大气降水。降水到达地面渗入土层的水分一般约占总降水量的55%，在我国北方干旱和半干旱地区，降水渗入土壤的量可占总降水量的60%以上。植树造林、增施有机肥可以极大增加土壤保蓄能力，提高土壤贮水潜力，扩大土壤持水容量。（张成军、刘宝存）

坡耕地植被覆盖，提高土壤蓄水能力，减少水土流失（摄影：徐明岗）

## 232. 为什么说土壤线虫的作用毁誉参半？

土壤线虫是土壤动物中的一个重要种类，是土壤生态系统的重要组分。土壤线虫大多微型，长0.3～5毫米，形状不一，多呈长圆柱形，两端尖细，也有椭圆形、纺锤形和柠檬形。根据线虫的食性和头部形态学特征，可以把线虫分为食细菌线虫、食真菌线虫、捕食杂食线虫和植物寄生类线虫4大类。食细菌线虫、食真菌线虫和捕食杂食线虫这3大类在有机质分解、养分矿化和能量传递过程中起着关键作用，可以调节有机复合物转化为无机物的比例，携带和传播土壤微生物，取食病原细菌和真菌，影响植物共生体分布和功能。这3类土壤线虫对土壤碳、氮的动态至关重要，线虫排泄物可以贡献土壤中19%的可溶性氮。植物寄生类线虫是寄生在植物体内的一类线虫，能够引起植物病害的被称为植物病原线虫。目前，植物病原线虫中的根结线虫属线虫是一类危害植物最严重的线虫，国际上报导的根结线虫有80多种，寄主范围超过3 000种植物，包括蔬菜、粮食、经济和果树作物、观赏植物以及杂草等。我国报道的根结线虫有29种，病害可造成作物减产10%～20%，严重时可达75%以上。因此，土壤线虫也有好坏之分，在土壤物质和能量循环中可谓功过参半。（刘建斌、刘宝存）

受根结线虫侵染的番茄根部（根结）及地上部分变化（摄影：刘杏忠）

## 233. 土壤呼吸对温室气体排放的贡献有多大？

土壤呼吸是指土壤中的植物根系、微生物、土壤动物以及含碳物质的化学氧化作用，产生大量的二氧化碳（$CO_2$）并向大气释放的过程。$CO_2$是最重要的温室气体之一，其作用在总的温室效应中约占一半。

植物和土壤共同调节着大气中$CO_2$的含量。植物通过光合作用吸收空气中的$CO_2$然后将其转化为糖和其他碳分子，通过根系和枯枝落叶等将碳传递给土壤；然后土壤呼吸产生$CO_2$返还大气。这种平衡作用的维持保证了亿万年来大气中$CO_2$含量的基本恒定。

然而，大约10 000年前，农业打乱了古老的土壤结构。人们排水和翻耕表土层，使得土壤中的碳与空气中的氧结合生成$CO_2$排入大气。家畜啃食草原，甚至使地面完全裸露，植物消失从而使光合作用停止，土壤中的$CO_2$也就没有了。自农业出现以来，土地使用方式的改变使700亿~1 000亿吨碳从土壤中分离出来。

今天，农业和其他土地利用方式的改变而排出的温室气体占世界温室气体排放量的1/3。土壤每年向大气释放的$CO_2$为$5 \times 10^{10}$ ~ $7.6 \times 10^{10}$吨碳，远远超过每年化石燃料燃烧向大气排放的$5 \times 10^9$吨碳。全球农业固碳减排的技术潜力高达每年$5.5 \times 10^9$ ~ $6 \times 10^9$吨$CO_2$当量。因此，利用土壤固碳抑制温室气体含量是拯救全球变暖的一个途径。（李新荣、刘宝存）

## 234. 垃圾围城对土壤的影响有多大？

每天，我们都会把垃圾扔出家门，但是有多少人想过，这些垃圾会给我们带来什么影响？统计资料显示，中国垃圾增长率达到10%以上，已成为世界上垃圾包围城市最严重的国家之一。我国600多座城市，已有2/3的大中城市陷入垃圾的包围之中，城市生活垃圾累积堆存量已达70亿吨，占地约80多万亩。北京市日产垃圾1.84万吨，如果用装载量为2.5吨的卡车来运输，长度接近50千米，能够排满三环路一圈；上海市每天生活垃圾清运量高达2万吨，每16天的生活垃圾就可以堆出一幢金茂大厦；广州市每天产生的生活垃圾也多达1.8万吨。按照现在世界人口估算，每人每年产生300千克垃圾，60年的垃圾总量如果全部堆放在赤道圈上，可堆成高5~10米、宽1千米的巨大垃圾墙。

垃圾在自然界停留的时间十分漫长：烟头、羊毛织物1~5年；橘子皮2年；经油漆漆过的木板13年；尼龙织物30~40年；皮革50年；易拉罐80~100年；塑料100~200年；玻璃1 000年。垃圾进入土壤后，其所含的有害物质在土壤中风化、淋溶，可杀死土壤微生物，导致土壤盐碱化、毒化和废毁；塑料制品、废金属等直接填埋或遗留于土壤中，严重腐蚀土壤，致使土质硬化、碱化、保水保肥能力下降，影响植物根系的生长，导致减产绝收；垃圾中的化学元素渗透，使土壤中汞（Hg）、镉（Cd）、铅（Pb）、铬（Cr）、砷（As）等生物毒性显著富集，严重影响植物的代谢过程，进入食物链可破坏人体神经系统、免疫系统、骨骼系统等。

不要让垃圾填满我们赖以生存的家园，加大土壤环境保护力度，为子孙后代留一片净土。（梁丽娜、刘宝存）

## 235. 设施土壤次生盐渍化怎么办？

设施土壤由于集约化经营程度高、高温高湿环境、人为因素对土壤的影响十分强烈。因此，土壤的自然理化性状会随着种植周期的增加而逐渐发生变化，主要表现为土壤的团粒结构遭到破坏、土壤板结、表层积聚大量的盐分、作物产量品质下降。

改良措施如下：

（1）深翻换土，改良土壤质地。深翻大棚土壤，将高盐类的表土翻到下层，把低盐下层土壤翻到上层，同时可打破犁底层，结合整地，适量掺沙，改善土壤结构，增强通透性，降低地下水位或铲除表层2～3厘米盐分较高的土壤。

（2）增施有机肥料，粗骨质物料。施用纤维素多（即碳氮比高）的有机肥（应注意畜禽粪便中的盐分含量），改善质地、活化土壤。

（3）灌水洗盐，淋雨灌水。利用夏季高温换茬休闲，撤膜淋雨溶盐，或在高温季节进行大水漫灌压盐，可显著消除土壤障碍。

（4）基肥深施，追肥限量。基肥要深施，追肥时尽量"少量多次"，避免土壤溶液浓度过高，可采用水肥一体化技术。

（5）休闲轮作——生物除盐。利用休闲时期，不再施肥，通过种植耐盐、高生物量的作物吸收土体内多余的盐分。

（6）根外追肥。根外追肥不易引起土壤盐渍化，故应大力提倡。（孙焱鑫）

## 236. 薄膜污染土壤改变了什么？

地膜地面覆盖栽培始于20世纪50年代的日本，目前，地膜已经成为我国农业生产的重要物质资料之一，地膜覆盖栽培技术也成为现代农业的一项重要技术。我国地膜覆盖面积和使用量一直位居世界第一位。2011年我国农用塑料薄膜使用量为229万吨，其中地膜使用量为124万吨，地膜覆盖面积为1 980万公顷。随着地膜的大量应用，在提高作物产量的同时，也出现了地膜残留于土壤所带来的环境问题。

（1）对土壤的污染。残留在农田土壤中的地膜由于其不易分解，对土壤容重、孔隙度、通气性和透水性都产生不良影响。一方面阻碍土壤耕作层和表层毛管水和自然水的渗透，从而对农田土壤水分运动产生影响，使其移动速度减慢，水分渗透量减少。同时，残膜能使土壤孔隙度下降和通透性降低，影响土壤空气交换和土壤微生物正常呼吸，造成土壤板结，从而降低土壤肥力。

（2）对农作物的危害。地膜属聚烯烃类化合物，其生产过程中添加的邻苯甲酸-2异丁酯具有挥发性，通过植物的呼吸作用进入叶肉细胞后，破坏叶绿素并抑制其形成，危害植物生长。同时，地膜生产过程中添加的各种增塑剂对作物的光合作用有影响，导致作物生长缓慢，甚至死亡。同时，残膜破坏了土壤理化性状，造成作物根系生长发育困难，影响作物对水分和养分的吸收，进而影响农作物的产量。

（3）对耕作的不利。在新疆、甘肃、内蒙古等西北地区，由于常年使用地膜栽培，残留在土壤中的地膜不断积累，部分地区每亩土壤残膜达到了17千克以上，在耕作时残膜缠绕犁头、播种机轮盘等，影响农机作业，进而严重影响农业生产。

（4）对环境造成污染。由于地膜难降解和难以回收，农作物收获后部分残膜弃于田边、地头、水渠、林带中，大风刮过后，残膜被吹至田间、树梢等，造成"白色污染"。因此，推广加厚地膜、研发降解地膜、开展地膜回收再利用，是一项十分紧迫而又有重要意义的工作。（刘东生）

玉米收获后残留在土壤中的地膜（照片：刘东生）

## 237. 水泥地面替代了土壤给城市带来了什么？

生活在城市，人住在钢筋混凝土楼房里，行走在水泥小道上，车驶在宽阔的沥青公路上，连街边小径、停车场也都铺上了地砖或进行了各式各样的硬化。树种在窄小的坑中，草种在薄薄的不接地下的土层中。地面硬化成了"时尚"。殊不知，生态危机正越来越重。土壤是地球的皮肤，任何地方，没有了土壤，就如同人没有了皮肤，健康何存？自然哪来？没了土壤，生物降解与平衡作用也消失。土壤本是微生物的海洋，这里有保持生态平衡的食物链，有大量的可以吞噬致病微生物的细菌或者病毒，历史上每次瘟疫横行肆虐、猖獗一时之后，都自行销声匿迹了，土壤中特别是土壤表层的细菌或者病毒的吞噬作用功不可没；没了土壤，雨水再也回不到地下水里去，城市的地下水位难以回升，加重了城市的干旱、缺水，导致地面下陷、楼房开裂；没了土壤，城市道路严重积水，雨水资源无效流失，每年仅北京城区流失的雨水就达6亿～7亿吨，而我国南水北调工程每年最大的供水量也仅10亿吨；没了土壤，城市污染加重，下暴雨时，城市污染物，如汽车排放的油污、轮胎的磨损物、建筑材料的腐蚀物、路面的沙砾等四处横流，土壤的自净功能缺失，雨水直接流入内河，造成城市水体污染；没了土壤，城市热岛效应不断加重，硬化的地面就像"铁板烧"。

当我们习惯了享受地面硬化设施带来便利的同时，是否考虑了土壤的生态作用，是否应该采取措施以减小覆盖带来的危害？（邹国元）

城市中到处可见的硬化地面（摄影：邹国元）

## 238. 雾霾下的土壤会有什么变化？

雾霾是雾与霾的统称，二者常常相伴而生，当大气相对湿度介于80%～90%时，大气混浊视野模糊导致能见度恶化，此为霾和雾共同作用的结果，但主要是霾的作用。二氧化硫、氮氧化物和颗粒物是其主要成分，前两者为气态污染物，颗粒物是加重雾霾天气污染的罪魁祸首，它们与雾气结合在一起，天空瞬间变得灰蒙蒙。雾霾发生时，大气颗粒物浓度升高，颗粒物本身是一种大气污染物，同时又是重金属、多环芳烃等有毒物质的载体，一旦发生降水，直接影响土壤质量；另一方面，雾霾发生时，大气状态明显呈酸性，土壤水分、酸碱性随之发生变化，易使土壤污染的农业区或工业区土壤中的重金属放射性异常；大面积的霾易使土壤失去固定和还原团粒结构的能力，从而导致土壤沙化。（杨金凤）

## 239. 城市效应下的土壤会有什么变化？

随着科学技术的进步和大工业的发展，城市化在不断加速。我国城市化率由1949年的10.6%，提高到目前的32%。城市化提升人类文明的同时也给土壤环境带来冲击。

城市化的发展使周边土壤环境和理化性质发生明显变化。城市建设使一部分耕作土壤变为园林土壤，基本由"异养型"变为"自养型"。此外由于城市人口集中，对蔬菜的需求量较大，导致城市周边的粮田逐渐转变为菜田，土壤肥力发生了明显的变化，高肥力土壤的比例逐年增加。

城市污水对土壤环境的影响不容忽视，随意排放处置不达标的城市污水会导致江河水体和农田灌溉水污染，进而污染土壤。城市中工业废气及机动车尾气同样会对土壤造成危害，比如工业废气中的粉尘沉降会导致硫酸盐、锌、铜等在土壤中大量累积，从而改变土壤性质，酸性气体形成的酸雨使土壤pH发生变化，机动车尾气使土壤铅含量升高等。此外城市每天产生大量的垃圾，由于其含有重金属和有机化合物，对土壤的威胁不容忽视。

防止土壤污染首先要控制污染源头，提高能源利用率，推行

清洁生产，提倡绿色生活方式，减少三废排放并加以科学合理的处置。（谷佳林）

##  农业污染与工矿业污染对土壤环境质量的影响孰多孰重？

农业污染，主要是指农业生产活动所产生的污染物，被土壤吸附从而引起土壤质量退化的过程。目前我国农业污染问题日益突出，如土壤板结，地力下降，重金属、无机盐、有机物和病原体污染等。其中过量使用化肥、农药、农膜及对畜禽粪便管理不当等都是重要原因。

工矿污染，主要指工矿企业生产经营活动中排放的废气、废水、废渣造成其周边土壤污染的过程。尾矿渣、危险废物等各类固体废物堆放等，导致其周边土壤污染。汽车尾气排放导致交通干线两侧土壤铅、锌等重金属和多环芳烃污染。

农业污染和工矿污染是土壤污染的两大重要途径，农业污染具有位置、途径、数量不确定，随机性大，发布范围广，防治难度大等特点；而工矿污染属于点源污染，具有面积小，容易监测，但其污染程度高等特点。农业污染和工矿污染均严重危害我国土壤质量，防控和治理都不容忽视。（杜连凤）

##  什么是土壤环境质量？

土壤环境质量是指在一定的时间和空间范围内，土壤自身性状对其持续利用以及对其他环境要素，特别是对人类或其他生物的生存、繁衍以及社会经济发展的适宜程度。土壤环境质量是土壤环境"优劣"的一种概念，它与土壤的健康或清洁的状态，以及遭受污染的程度密切相关，依赖于土壤在自然成土过程中所形成的环境条件、与环境质量有关的元素或化合物的组成与含量，以及在利用和管理过程中的动态变化，同时应考虑其作为次生污染源对整体环境质量的影响。我们应当认识到，对土壤环境质量的概念性解释随土地的实际使用状况而变化，即土壤质量的"优劣"具有相对性。土壤环境质量可依据土壤环境质量标准来判定。（李永涛）

## 242. 什么是土壤环境容量？

土壤环境容量又称土壤负载容量，是一定土壤环境单元在一定时限内遵循环境质量标准，既维持土壤生态系统的正常结构与功能，保证农产品的生物学产量与质量，又不使环境系统污染超过土壤环境所能容纳污染物的最大负荷量。

影响土壤环境容量的主要因素有土壤类型、污染物数量及特性、作物生态效应等。不同土壤其环境容量是不同的，同一土壤对不同污染物的容量也是不同的，这涉及土壤的净化能力。

在一定区域内，掌握土壤环境容量是判断土壤污染与否的界限，可使污染的防治与控制具体化。（李玲）

## 243. 什么是土壤环境背景值？

土壤环境背景值指的是未受或受人类活动少的土壤环境本身的化学元素组成及其含量。它是各种成土因素综合作用下成土过程的产物。目前，在全球环境受到污染冲击的情况下，要寻找绝对不受污染的背景值，是非常难做到的。因此，土壤环境背景值实际上只是一个相对的概念，只能是相对不受污染情况下，土壤环境要素的基本化学组成。（李玲）

**从土壤到餐桌，哪些重金属飘过？**

　　人类所需食物主要来源于土壤，对人体健康影响的本质是土壤重金属的食物链污染问题。食物链（包括海鲜等各种食物）上对人体健康容易有影响的元素主要有5种，即汞、镉、砷、铅和硒。土壤本身是藏污纳垢之场所，发育于岩石母质的土壤本身也包含着或多或少的重金属元素，包括人们最关心的有害重金属镉、铅、汞、砷、铬，因此，完全没有有害重金属含量的食物是不存在的。但是，土壤一旦被污染，种植农作物后，有毒有害物质会在农作物体内残留与富集。人类作为食物链的最顶层，若食用了污染土壤种出的农作物，通过食物链的生物富集作用，会导致人体内的毒素含量超标，这样会使人体产生一系列病变，严重时甚至会导致死亡。（申艳）

**245. 什么是土壤污染？**

　　人为活动产生的污染物进入土壤并积累到一定程度，引起土壤质量恶化，并造成农作物中某些指标超过国家标准的现象，称为土壤污染。当土壤中有害物质过多，超过土壤的自净能力时，就会引起土壤的组成、结构和功能发生变化，微生物活动受到抑制，有害物质或其分解产物在土壤中逐渐积累，并且通过"土壤→植物→人体"或"土壤→水→人体"间接被人体吸收，进而危害人体健康。土壤污染会导致农作物减产和农产品品质降低、地下水和地表水污染、大气环境质量降低，并最终危害人体健康。土壤污染物大致可分为无机污染物和有机污染物两大类。无机污染物主要包括酸、碱、重金属、盐类、放射性元素铯、锶的化合物，含砷、硒、氟的化合物等。有机污染物主要包括有机农

药、酚类、氰化物、石油、合成洗涤剂、3,4-苯并芘以及由城市污水、污泥及厩肥带来的有害微生物等。（李永涛）

## 246. 什么是土壤重金属污染？

由于人类活动，微量金属元素在土壤中的含量增加，过量沉积而致使土壤中重金属含量明显高于背景值并造成生态环境质量恶化的现象，统称为土壤重金属污染。重金属是指比重≥5.0的金属，如铁、锰、锌、铅、汞、镍、钴等。由于不同重金属在土壤中的毒性差别很大，所以毒性较大的锌、铜、钴、镍、锡、钒、汞、镉、铅、铬、钴等受到人们更多的关注。砷、硒是非金属，但由于其化学性质和环境行为与重金属有相似之处，故在讨论重金属时往往包括砷和硒，有的则直接将其包括在重金属范围内。一般认为大量元素铁和锰不是土壤污染元素，但在强还原条件下，铁和锰所引起的毒害也应引起重视。土壤本身含有一定量的重金属元素，只有当叠加进入土壤的重金属元素累积浓度超过作物需要和忍受的程度、对人畜造成危害时，才能认为土壤已被重

大宝山尾矿库溢出的废水造成周边土壤严重的重金属污染（摄影：李永涛）

金属污染。（李永涛）

## 247. 什么是持久性有机污染物？

持久性有机污染物(POPs)是一类可长久存在于自然环境中，并通过生物食物链累积，对人类健康和自然生态环境造成不利影响的有机化合物，主要包括三大类：①杀虫剂，如滴滴涕和氯丹；②工业化学品，如多氯联苯和六氯苯；③生产副产品，如二噁英和呋喃。

其主要具备四个特性：①持久性。在水体、土壤、底泥和大气等环境中的半衰期可达几十年到数百年不等。②生物累积性。因其具有高亲脂憎水性，存在于大气、水、土壤中的低浓度POPs通过食物链从低等生物开始逐级成倍地积累聚成高浓度，人类作为金字塔顶端的高等生物是受影响最大的群体。③远距离迁移性。因其具有半挥发性，在室温下就能挥发进入大气层，进行长距离转运，导致全球范围的污染。④生物毒性。对生物体具有致癌、致畸、致突变性，可对动物和人体造成神经系统损伤、内分泌系统失调、生殖系统及免疫系统损伤等。（李永涛）

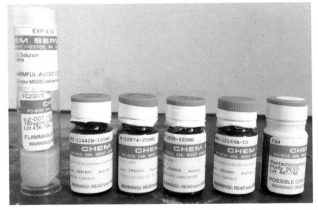

典型的持久性有机污染物:滴滴涕和五氯酚及其代谢产物（摄影：白婧）

## 248. 我国农田污染物的主要来源有哪些？

我国农田污染物有下列4类：

（1）化学污染物。包括无机污染物（如汞、镉、铅、砷等重金属，过量的氮、磷营养元素以及氧化物和硫化物等）和有机污染物（如各种化学农药、石油及其裂解产物，以及其他各类有机合成产物等）。无机污染物的来源主要有两个：①随着地壳变迁、火山爆发、岩石风化等天然过程进入大气、水体、土壤和生态系统的污染物（自然来源）；②随着人类的生产和消费活动而进入的污染物（人为来源），这些生产活动包括工业污水、酸雨、尾气排放、堆积物以及化肥、农药不合理施用等。有机污染物的来源主要有污水排放、工厂废气沉降、化肥和农药的不合理施用以及固体废弃物不合理处置等。

（2）物理污染物。主要来自于工厂、矿山的固体废弃物如尾矿、废石、粉煤灰和工业垃圾等。

（3）生物污染物。主要来自于带有各种病菌的城市垃圾和由卫生设施（包括医院）排出的废水、废物以及厩肥等。

（4）放射性污染物。主要来自于核原料开采和大气层核爆炸地区，以锶和铯等在土壤中半衰期长的放射性元素为主。（李永涛）

## 249. 湖南水稻土镉污染的来源有哪些？

湖南水稻土镉污染的来源较多，主要是人为来源。首先是大量工业"三废"的排放，其次是不合理的农业管理措施。湖南省矿产资源丰富，矿种较多，享有"有色金属之乡"之称。镉往往与锌矿、铅锌矿、铜铅锌矿等共生，在矿产开发和金属冶炼活动中，原本以化合物形式存在的镉等有害重金属被释放，并且由于尾矿管理不当以及废水、废渣及降尘等未经处理直接排放到环境中，造成矿区和冶炼区周围的水体和大气的污染，这些镉会进一步通过大气沉降、污水灌溉、污泥施肥、含重金属废弃物的堆积、金属矿山酸性废水不合理排放等途径进入农田土壤中，造成土壤镉污染。有些地方并没有涉及重金属的工业企业，但生产出来的农作物仍会出现重金属超标现象，这主要源于农业投入品的滥用。全球经化肥施用进入土壤的镉占总量的55%。此外，化肥的施用会降低土壤的pH，从而提高土壤中重金属的活度，加剧土壤重金属污染。（李永涛）

湖南金属矿开采中尾矿随意堆放是镉污染的主要来源（摄影：徐明岗）

## 250. 我国土壤污染有什么特征？

区别于直观、能够用感官发现的大气污染、水污染以及废弃物污染等污染问题。土壤污染具有隐蔽性和滞后性，往往都是人畜出现病变后分析研究才被人们所认识；土壤污染还具有不可逆性和长期性。我国土壤污染表现出量大、面广、持久、毒害、多源、复合的环境污染特征，正从常量污染物转向微量持久性毒害污染物，在经济快速发展地区尤其如此。随着社会经济的高速发展和人类活动的加剧，我国因污染退化的土壤面积不断扩大，土壤污染出现了有毒化工和重金属污染由工业向农业转移、由城区向农村转移、由地表向地下转移、由上游向下游转移、由水土污染向食品链转移的趋势，逐步积累的污染正在演变成污染事故的频繁爆发。土壤质量恶化加剧，土壤污染危害更加严重，使我国的可持续发展战略面临着严峻的挑战。（李永涛）

## 251. 如何发现和判断土壤质量变差或被污染？

当农田土壤出现板结，植物出现病态或者死亡，农作物减产时，或者土壤散发出异味，可推测土壤质量变差，原因可能是土壤受到污染。过量施用农药、化肥或长期进行污水灌溉的农田土壤可能受到污染；土壤颜色发生变化，散发异味，其可能受到污染；或者有建筑垃圾、生活垃圾、矿渣和炉渣等长期大量堆放的土壤可能已经受到污染；土壤周围有化工厂等产生大量污废水的企业，且污水长期排放，可判断其可能受到污染。（邸佳颖）

## 252. 污水灌溉能引起土壤污染吗？

合理的污水灌溉是指以经过处理并达到灌溉水质标准要求的污水为水源所进行的灌溉。城市污水，不仅是郊区农田的重要水源，而且也是重要的肥源。一般来说，生活污水水质好、肥分高，对作物生长有利。工业污水中含有一些不利于作物生长的重金属、盐类、有机物等，如铅、铬、砷、汞以及氯、硫、酚、氰化物等有害成分。利用污水灌溉农田，是否会引起土壤污染，与污水中物质的种类和浓度有关。用处理不合格的污水进行灌溉不仅会带来土壤污染，而且可能会造成地下水的污染。灌溉污水中含盐量比较高，会直接造成土壤板结，污水中的重金属及油类、苯类、表面活性剂、卤代烃等有机物会分别直接导致土壤重金属和有机物污染。如果灌溉污水中含有过量的氮、磷，尽管不会引起严重的土壤污染，但可能会危害地下水。采用处理不合格的污水进行灌溉可威胁人类健康，例如日本由于污水灌溉引发的"痛痛病"。（李永涛）

不合理的污水灌溉可能造成土壤污染——村民用铅锌矿污水灌溉农田

（摄影：李永涛）

## 253. 日本"痛痛病"对我们有什么启示？

日本"痛痛病"，又称"骨癌病"，起源于日本富士山，是由于人们长期食用含镉的食物而引起的镉中毒症。"痛痛病"患者大多是妇女，主要症状表现为腰、手、脚等关节疼痛，病症持续几年后，患者全身会发生神经痛、骨痛现象，行动困难，甚至呼吸都会带来难以忍受的痛苦。患病后期，患者骨骼软化、萎缩、四肢弯曲，脊柱变形，骨质松脆，就连咳嗽都能引起骨折。"痛痛病"至今仍无特效的治疗方法，而且蓄积体内的镉也没有安全有效的排除方法。"痛痛病"血的教训告诉我们重金属污染需引起人类的高度重视，发展经济的同时应做好相应措施预防重金属进入环境，并对已污染土壤进行修复治理，以预防各种危害人类健康的疾病发生。因此，发展经济的同时应加强生态文明建设，以环境教育普及传播生态文明理念；以环境政策制定引导生态文明建设；以环境技术培养保证生态经济腾飞；以环境立法颁布保护生态文明成果。（李永涛）

## 254. 为什么湖南砷污染严重？

砷是一种对人体有害无益的半金属元素，尤其是无机砷，被当作"第一类致癌物"。矿业活动是导致环境砷污染的重要原因之一，目前已探明全球砷储量的70%分布在我国，而我国砷矿资源主要分布在西部和南部地区，占全国探明储量的61.6%，其中湖南的探明储量达82.7万吨。

湖南省是有色金属的重要生产基地，如郴州、冷水江、衡阳水松地区、娄底锡矿山、株洲清水塘、湘潭竹埠港工业区、衡阳水口山矿区等，被称为"有色金属之乡"，该地区的铅、锌、铜、锑等金属矿往往伴生高浓度的砷，采矿、冶炼等工业活动会造成周围土壤受到污染。由于过去开采砷矿及土法炼砷现象普遍，也导致局部地区土壤砷污染严重，在自然降雨、径流和人类活动作用下引起砷的扩散，使地下水、农田、河流也遭受严重污染，如湖南岳阳砷污染事件、湖南郴州邓家塘污染事件、湖南石门污染事件等。（李永涛）

湖南土法炼砷堆放在河床上的尾矿造成严重的砷污染（摄影：徐明岗）

## 255. 什么是土壤修复？

　　土壤修复是指利用物理、化学和生物的方法转移、吸收、降解和转化土壤中的污染物，使其浓度降低到可接受水平，或将有毒有害的污染物转化为无害的物质，使遭受污染的土壤恢复正常功能的技术措施。由于土壤污染的严重性及其修复的难度，以及对污染土壤修复的迫切性与需求，污染土壤修复已成为当今环境科学研究的热点与极具挑战性的领域。污染土壤修复的技术原理包括：降低其在环境中的可迁移性与生物可利用性、降低土壤中有害物质的浓度。根据工艺原理不同，污染土壤修复方法可分为物理方法、化学方法和生物方法三种类型。其中，物理方法主要包括物理分离法、溶液淋洗法、固化稳定法、冻融法和电动力法；化学方法主要包括溶剂萃取法、氧化法、还原法和土壤改良剂投加技术等。生物修复方法是污染土壤修复的主体，可分为微生物修复、植物修复和动物修复三种，其中以微生物与植物修复应用最为广泛。（李永涛）

植物与改良剂修复重金属污染土壤（摄影：徐明岗）

## 256. 什么是植物修复？

植物修复是一种利用绿色植物的自然生长来转移、容纳或转化土壤、沉积物、污泥或水体等环境中的污染物使其对环境无害的技术，根据其作用过程和机理，可分为植物提取、植物挥发和植物稳定三种修复类型。研究表明植物的吸收、挥发、根滤、降解、稳定等作用，可以净化土壤或水体中的污染物，从而达到净化环境的目的，因此，植物修复是一种很有潜力、正在发展的清除环境污染的绿色技术。植物修复技术不仅包括对污染物的吸收和去除，也包括对污染物的原位固定和转化，即植物提取技术、植物固定技术、根系过滤技术、植物挥发技术和根际降解技术。与重金属污染土壤有关的植物修复技术主要包括植物提取、植物固定和植物挥发。植物修复过程是土壤、植物、根际微生物综合作用的效应，修复过程受植物种类、土壤理化性质、根际微生物等多种因素控制。（李永涛）

土壤重金属污染的植物修复（摄影：徐明岗）

## 257. 为什么说土壤具有自净能力？

所谓自然修复是指对生态系统停止人为干扰，以减轻负荷压力，依靠生态系统的自我调节与自我组织能力使其向有序的方向进行演化，或者利用生态系统的这种自我恢复能力，辅以人工措施，使遭到破坏的生态系统逐步恢复或使生态系统向良性循环方向发展。土壤具有自净功能，原因如下：①土壤中含有各种各样的微生物和土壤动物，可对外界进入土壤的各种物质进行分解转化；②土壤中存在复杂的有机和无机胶体体系，通过吸附、解吸、代换等过程使污染物发生形态变化；③土壤是绿色植物生长的基地，通过植物的吸收作用，土壤中的污染物质起着转化和转移的作用；④某些污染物在土体中可通过挥发、扩散、分解以及水循环等作用，逐步降低其浓度、减少毒性或被分解成无害的物质。（李永涛）

## 258. 土壤重金属污染修复的技术主要有哪些？

土壤重金属污染修复技术主要有物理修复技术、化学修复技术、生物修复技术及联合修复技术。目前，常见的工程物理修复技术有客土法、挖掘掩埋法、淋洗法、蒸发法和电动力学法。对于污染严重的土壤，可以采用换土的方法，即在污染的土地上覆盖未被污染的土或将污染土壤换掉，覆土或换土的厚度应该大于耕层土壤的厚度。化学修复技术包括施用改良剂、沉淀法、吸附剂法和拮抗法。化学修复化学试剂的添加可以从两个方面进行：一是添加能活化重金属的物质（EDTA、柠檬酸等），使土壤中的重金属更多地进入土壤液相中进而从土壤中去除；二是加入降低重金属活性的物质（磷矿石、草炭灰等），钝化土壤中的重金属从而降低其生物有效性。生物修复包括植物修复、微生物修复、转基因修复、动物修复和农业生态修复。由于土壤污染的复杂性、多样性及复合型，在修复时为达到理想的效果，常需要同时选择多种修复技术，即联合修复技术。（李永涛）

污染土壤修复技术框架图（绘图：徐明岗）

**259.** **场地污染如何修复？**

场地是指某一地块范围内的土壤、地下水、地表水以及地块内所有构筑物、设施和生物的总和。场地污染是指对潜在污染场地进行调查和风险评估后，确认污染危害超过人体健康或生态环境可接受风险水平的场地，又称地块污染。污染场地中有害物质的承载体包括场地土壤、场地地下水、场地地表水、场地环境空气、场地残余废气污染物如建筑物和生产设备等。场地污染的土壤修复是指采用物理、化学或生物的方法固定、转移、吸收、缓解或转化场地土壤中的污染物，使其含量降低到可接受水平，或将有毒有害的污染物转化为无害物质的过程。对污染场地修复的总体思路，包括原地修复、异地修复、异地处置、自然修复、污染阻隔、居民防护和制度控制等。针对污染场地的污染性质、程度、范围以及对人体健康或生态环境造成的危害，合理选择土壤修复技术，因地制宜制定修复方案。（李永涛）

**260.** **石油污染如何修复？**

石油勘探与开发过程中的钻井、井下作业和采油等环节以及井喷、泄漏等偶然事故都会带来土壤的污染。石油开采过程产生的落地原油，已成为土壤的重要污染源。石油进入土壤后造成严重的环境污染和生态破坏：降低土壤质量，影响农作物的生长，石油中有致癌、致畸、致突变等物质，能通过食物链在动、植物体内逐级富集，危及人类健康。

石油污染的修复技术包括物理修复技术（焚烧、隔离等）、化学修复技术（洗涤、化学氧化等）、生物修复技术（植物、微生物或原生动物）。物理、化学技术在修复石油污染土壤过程中会造成二次污染、改变土壤结构且成本高，在应用上具有一定的局限性。以生物技术为主的联合修复是未来土壤修复的主要发展趋势。如果石油污染物浓度高，可以选用物理、化学的方法，将土取走，将石油提出来，如果石油污染物浓度不高，最好选用生物修复的方法。石油污染修复分为现场处置和异地处置；现场处置可以通过布置竖井，进行通风，但效果缓慢；异地处置，将土运走，进行合理处置后回填。（李永涛）

**261.** **是否能对土壤污染进行微生物修复？**

可以对土壤污染进行微生物修复。土壤微生物修复是指利用天然存在的或所培养的功能微生物群，在适宜环境条件下，促进或强化微生物代谢功能，从而达到降低有毒污染物活性或把有毒污染物降解成无毒物质的生物修复技术，包括自然和人为控制条件下的污染物降级或无害化的过程。微生物修复的实质是生物降解，即微生物对环境污染物的分解作用。微生物对土壤中有毒污染物的降解主要包括氧化反应、还原反应、水解反应和聚合反应

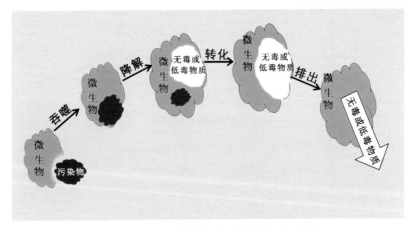

污染土壤的微生物修复原理（绘图：徐会娟）

等。环境中农药的清除主要靠细菌、放线菌、真菌等微生物的降解作用。例如DDT可被芽孢杆菌属、棒杆菌属、诺卡氏菌属等降解；五氯硝基苯可被链霉菌属、诺卡氏菌属等降解。虽然土壤中的重金属无法被微生物消除，但微生物可以对土壤中的重金属进行固定、移动或转化，降低其毒性，从而达到生物修复的目的。（李永涛）

## 262. 什么是面源污染？

面源污染的概念可归纳为：在降雨径流的冲刷和淋溶作用下，大气、地面和土壤中的溶解性或固体污染物质（如大气悬浮物，城市垃圾，农田、土壤中的化肥、农药、重金属，以及其他有毒、有害物质等）进入江河、湖泊、水库和海洋等地表和地下水体而造成的水环境污染。其主要来源包括水土流失、过量施用的农业化学品、城市废水、畜禽养殖和农业与农村废弃物等。大量的泥沙、氮磷营养物、有毒有害物质进入江河、湖库，引起水体悬浮物浓度升高、有毒有害物质含量增加、溶解氧减少，水体出现富营养化和酸化趋势，不仅直接破坏水生生物的生存环境，导致水生生态系统失衡，而且还影响人类的生产和生活，威胁人体健康。（李鹏）

## 263. 我国农田面源污染有什么特征？

农业面源污染起因于土壤的扰动引起的污染物质的流失，其受到地形、水文、气候等诸多因素的影响，特点如下：

（1）分散性和隐蔽性。与点源污染相反，面源污染随流域内土地利用状况、地形地貌、水文特征、气候、天气等不同而具有空间异质性和时间上的不均匀性，其地理边界和空间位置不易识别。

（2）随机性和不确定性。农业面源污染涉及随机变量和随机影响，具有位置、途径、数量的不确定性，随机性大。区分进入污染系统中的随机变量和不确定性对面源污染的研究很重要。

（3）广泛性和难以监测性。我国农业属于分散经营模式，农业面源污染群体类型复杂多样，加之不同地理、气候、水文条件对污染物迁移转化的影响，加大了农业面源污染监测的难度。

（杜连凤）

232　**264.** **农业面源污染的防治措施有哪些?**

从途径来讲主要有5点：

（1）污染源头控制。这是最重要的一个环节，简单来说就是严格控制化肥和农药的使用，推广科学精准施肥技术和合理使用农药技术，大力推广高效、低毒、低残留的农业投入品，如实施测土配方施肥技术、提高有机肥施用量、推广水土保持技术等。采用病虫害综合防控技术，由单纯化学防治逐渐转向生物防治、物理防治或低污染化学防治，以及提高农药利用率。

（2）污染过程阻断。以生态工程技术为手段，主要包括利用人工水塘、植被缓冲带、湿地系统等阻断污染物由农田向水体的迁移。

（3）污染农田综合修复。重金属和农药污染农田问题比较突出，一般采用化学—微生物—植物联合修复技术体系，对污染农田进行治理和改良。

（4）农业废弃物综合利用。主要包括农村生活污水的处理和再利用，养殖场畜禽粪便的处理与资源化技术等。

（5）对农村面源污染展开监测、分级、评价、环境容量及预警制度研究，对于防治农业面源污染非常必要。值得注意的是，农业面源污染防治是立体防治过程，从防治效果的角度出发，应用单

项技术不如将各种技术集成后形成综合技术体系。（李新荣）

立体模式防控农业面源污染示范区（种植作物：桑树、葛根、丹参、
薄荷、板蓝根、薰衣草、紫花苜蓿、花生）（照片：安志装）

## 265. 农业上的点源污染有哪些？

"点源污染"是指有固定排放点的污染源，是由可识别的
单污染源引起的水、土、气、热、噪声或光污染等，具有可识别
的范围，可与其他污染源区分开来。点源污染多指工业废水、废
气、废渣，城市生活污水、生活垃圾等通过固定的途径或出口集
中排放，其相对于面源污染来说更容易识别污染源、污染类型、
污染强度和污染范围，因此也更有利于防控措施的制定和实施。
而农业上的点源污染主要包括以下几个方面：①大型集约化养殖
场，其畜禽粪便、养殖废水集中排放；②农村生活污水的集中排
放，农村人口相对密集的居民点，生活污水集中后统一排放；③大
型淡水水产养殖场，例如湖泊养殖、江河养殖、水库养殖等，养殖
废水直接集中排入湖泊、水库或河流造成污染。（李顺江）

## 266. 发现土壤污染应该怎么做？

如果发现周边土壤存在污染，应尽保护环境的公民义务，向当地环保部门进行举报，或向媒体反映土壤污染现象，让政府和更多群众关注这一问题，促使相关治理工作开展。

如果土壤已经污染，应该采取相应的治理或防护措施。如土壤中富含某种有毒有害物质，应在土壤中加入相应的抑制剂，以减少植物对毒害物质的吸收和利用率。在土壤污染严重的地区，应尽量不要食用当地的农产品。同时，也应该提高自身的环保意识，尽可能少接触污染场所，提高自身的防护能力。

对于农田而言，农民需保护土壤不受污染。如科学合理进行灌溉，对水质不达标的灌溉用水申请有关部门进行水质净化处理后再进行灌溉；从种类、用量、使用范围、时间上合理使用农药、化肥；增施合格的有机肥等。（邸佳颖）

第五部分
CHAPTER 5

# 土壤的景观文化传承等
# 功能及其保护

## 267. 什么是城市土壤与海绵城市？

城市土壤，是指城市中的土壤。具体而言，在城市化过程中，由于土壤受到翻动、回填、践踏、车压、封闭等直接的人为活动，以及清扫枯枝落叶、生活垃圾堆积、工业废气废水、城市热岛效应等间接的人为活动影响，使土壤的物理、化学属性以及生态功能恶化，并且有一些污染物进入土壤，形成了不同于自然土壤和耕作土壤的特殊土壤。

海绵城市是指城市能够像海绵一样，在适应环境变化和应对自然灾害等方面具有良好的"弹性"功能，下雨时能吸水、蓄水、渗水、净水，需要时将蓄存的水"释放"出来，并加以利用。其中土壤扮演重要的角色，如果土壤物理性状良好，大雨来时，可以吸收大量雨水，减少地表径流，缓解城市内涝，而天气干热时，可以释放蓄积的水分，维持植物所需水分。（吴克宁、查理思）

## 268. 什么是考古土壤?

考古土壤,是指通过分析遗址区内土壤的理化性质及形成物,并从中解译出考古信息的土壤。

以往考古研究的主要手段是挖掘采集遗物或遗迹,通过分析其遗物、遗迹的特征,进而推导古文明。然而遗物、遗迹由于长时间受自然或人为的影响,大部分已消失,其携带的考古信息也随之泯灭,特别是古人类诸多活动,如用火、耕作、饲养、祭祀等留下的遗物、遗迹相对较少甚至没有,这无疑给传统考古研究方法造成不小的麻烦。但这些活动对土壤产生了深刻影响,其影响结果受厚厚的覆盖土层保护,其携带的考古信息长久保留在土壤中,等待土壤学家来"挖掘"。(吴克宁、查理思)

## 269. 什么是刑侦土壤?

刑侦土壤,是指黏附于罪犯或受害者鞋子、衣物或凶器上的土壤。刑侦土壤与自然状态下的土壤相比,它受到犯罪过程的影响,发生运移和形变,这种改变正是刑侦土壤学研究和鉴定的首要内容。首先从刑侦土壤的整体形状、性质、特征入手,通过对比不同土壤环境中的土壤,辨明刑侦土壤存在的空间位置,为侦破案件提供方向和范围。其次根据刑侦土壤的局部形状、性质、成分进行分析,综合上述结果揭示犯罪过程、作案现场、使用凶器等,为侦破案件提供事实依据。(吴克宁、查理思)

## 270. 什么是星际土壤?

星际土壤,即外星体上的土壤,但依据目前土壤的定义,星际土壤不是土壤。因为土壤是由岩石风化而成的矿物质，以及动植物、微生物残体腐解产生的有机质组成，包含生物、水分、空气等。

从目前仅得到的月球土壤研究中发现，所谓的月球土壤只是月岩风化物。凭着现有的观测技术，外星体也暂无生命迹象，其土壤形成缺少生物影响，难以成为像地球上的土壤。因此，星际土壤可以理解为外星体上类似土壤的碎屑物。

此外，在地球上同样可以开展星际土壤研究，即研究地球极端环境条件下形成的土壤，从而推导宇宙环境中土壤发生的可能性，如发育于非硅酸盐物质冰、固体甲烷等物质上的外星"土壤"。（吴克宁、查理思）

## 271. 什么是智慧土壤？

智慧土壤，是指在土壤性状智能监测的基础上，运用通信技术手段进行遥感、分析、整合土壤的各项关键信息，从而对其物质构成、水肥气热、污染物含量、动物和微生物，以及其他物理、化学、生态变化过程做出智能响应。

其实质是利用先进的信息技术，实现土壤智慧式监测和管

农业部土壤监测网智能检测土壤水分等性质（摄影：徐明岗）

理，维护土壤健康，进而为生态建设、农业生产等创造条件，实现可持续发展。（吴克宁、查理思）

##  272. 什么是土壤景观?

土壤景观，是指由明确的土壤类型及其关联要素如地质、地貌、坡度、覆被、水文、气候等共同叠加形成的综合体。

目前土壤景观多尺度研究为探索热点，关系到土壤景观精确化制图。然而国内外土壤景观多尺度研究的实例较少，原因在于传统土壤景观研究结果多采用描述性知识来表达，对土壤景观等级结构的复杂性和空间不确定性认识较浅，数值化的土壤景观信息尚未得到有效利用和重视。

因此，使用土壤属性—景观定量模型进行制图成为新趋势，即将定量化的地形因子信息与土壤性质联系起来，建立二者之间的定量化模型，用以预测未有地面监测数据区域的土壤属性因子。（吴克宁、查理思）

黑土景观（摄影：徐明岗）

##  273. 我国有哪些典型的土壤景观?

我国典型的土壤景观有红壤景观、棕壤景观、灰漠土景观、黑土景观。其中分布最广最为常见的是红壤景观和棕壤景观。

红壤是我国分布面积最大的土壤，主要分布在长江以南的广阔低山丘陵地区。该地区气温高，雨量充沛，自然植被为常绿阔叶林，树种主要为马尾松、杉木、罗汉松、樟木、楠木以及竹类等。除石灰岩外，其他岩石上几乎都可以发育。

棕壤地处暖温带湿润地区，纵跨辽东半岛、山东半岛，也出现在半湿润、半干旱地区的山地中。植被以夏绿阔叶林为主，也有少量针阔混交林，树种主要是辽东栎、蒙古栎，针叶林有油松、赤松等。除石灰岩外，其他岩石上几乎都可以发育。（吴克宁、查理思）

红壤景观（左）和高山草甸土景观（右）（摄影：徐明岗）

## 274. 土壤如何传承文化？

土壤通过保存遗物遗迹、记录文化信息和影响人类生产生活来传承文化。具体而言，古文化多以遗物遗迹的形式存在于一定深度的土壤中，土壤的"保护"使其免遭破坏和侵蚀。但不可避免的是，一些遗物遗迹在悠久的岁月中会破损或消逝，其附带的文化信息也随之减少或泯灭，并且某些古人类活动不会留下明显的遗物遗迹。

所幸这些变化和活动都会导致土壤某些理化性质发生改变。土壤就像一位历史见证者，不仅保存古文化留下的具体实物，也记录留下的信息。同时，土壤还像一位历史创造者，与其他地理要素一起，直接参与到人类的生产生活中。尤其是农耕文明时期，不同地区和时期的人类在利用、改造土壤的过程中，孕育出千姿百态的文化，有些保持至今。如八百里秦川的"墣土"，它是在黄土母质发育的褐土上，由于人们长期施用大量黄土和厩肥堆垫混合而成的土粪，经过长期耕作，在原来的褐土上部形成了厚约50~60厘米堆垫熟化层，下部是比较紧实偏黏的褐土，两种土壤紧密相接，但又上下界限分明，好像盖上一层楼房一样，所以人们把它形象地称为"楼土"。（吴克宁、查理思）

陕西杨凌墣土剖面（摄影：何亚婷）

## 275. 我国有哪些典型的土壤文化传承案例？

根据土壤传承文化方式，典型的案例有仰韶文化遗址和哈尼梯田。

仰韶文化遗址是中国黄河流域新石器时代的重要遗址，也是仰韶文化的命名地。遗址区内挖掘出大量的彩陶以及石器等遗物，并发现了古人类活动留下的灰烬、建筑地基、生活垃圾等遗迹。这些遗物、遗迹在土壤中形成了特殊的土层，被称为文化层。通过对文化层的理化性质分析，发现了古人类用火、种植水稻的依据。

哈尼梯田具有1 300年以上开垦、耕作和发展历史，并至今持续使用和发展着，是农耕文化的"活化石"，现已列入世界遗产名录。哈尼梯田文化景观的主要组成要素为森林、村寨、水系和梯田。而土壤是森林、村寨的载体、水文过程的媒介、梯田的主体。土壤性状的优良关系到整个农业、生态、文化系统运转的好坏。1 000多年来，勤劳智慧的哈尼人，科学合理地改造、利用土壤，不仅实现了可持续发展，还创造出了极高的生态价值、美学价值和文化价值。（吴克宁、查理思）

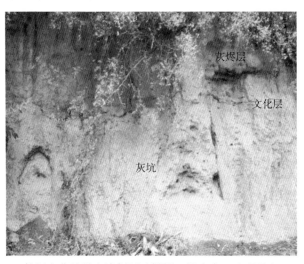

仰韶文化遗址土壤剖面（摄影：吴克宁、查理思）

## 276. 什么土壤适合修筑土坝？

黏性高的土壤适合修筑土坝。土坝是一种有着悠久历史的古老挡水建筑物，至今仍得到广泛应用，并在持续地更新和发展中。科学研究发现，土料的黏粒质量分数越高，土坝溃口的发展速率越慢，最终溃口形状也越小，相应的溃口洪峰流量及最大下泄水量也越小，溃口洪峰流量出现的时间越短。所以，尽可能选择黏性高的土壤修筑土坝。为降低坝体的透水性，特别是均质土坝坝体土料一般为黏性土壤。（吴克宁、查理思）

## 277. 什么土壤适合制作砖瓦?

242

　　黏性的土壤适合制作砖瓦。砖瓦制作工艺有着悠久的历史。至今，砖头仍是我国主要的建筑材料类型，然而传统工艺与当下紧缺的土地资源形成了强烈的矛盾。据统计，我国每年烧砖耗用约100万亩土地，其中毁田2万亩，相当于减少粮食生产近8 000万吨。全国有砖瓦企业约11万个，占地600多万亩。为保护耕地、节约资源和保护环境，我国加大禁止生产使用实心黏土砖的力度，鼓励发展新型的绿色材料——免烧砖，它不以黏土为原料，不毁一寸土地，而是利用工业"三废"，不经高温煅烧而制成的一种新型材料。（吴克宁、查理思）

## 278. 什么土壤适合制作陶瓷制品?

　　陶土和瓷土适合制作陶瓷制品。陶土是指含有铁质而带黄褐色、灰白色、红紫色等色调，具有良好可塑性的黏土。瓷土又名高岭土，由云母和长石变质，其中的钠、钾、钙、铁等流失，加上水变化而成。

　　凡是以陶土和瓷土这两种不同性质的黏土为原料，经过配料、成型、干燥、焙烧等工艺流程制成的器物都可以叫陶瓷。中国的陶瓷技艺源远流长，从古至今，涌现许多出举世瞩目的作品，如仰韶文化彩陶、景德镇青花瓷等。（吴克宁、查理思）

**什么是土壤自然文化历史档案功能？对其评价主要考虑哪些方面？**

　　土壤自然文化历史档案功能，是指土壤像历史档案一样记录自然变化和人文历史。对该功能进行评价是为了对具有该功能的土壤进行合理保护。如果土壤能够记录古环境变化以及远古人类的生产生活状态，那么这些土壤就具有保护意义。由于土壤的自然文化历史档案功能内涵丰富，很难建立一个通用的标准。因此该功能评价需要土壤学家、地理学家、地质学家、考古学家和历史学家共同参与，目前评价方法主要停留在定性评价阶段，评价的主要内容和方向基本达成共识。具体而言，自然方面主要考虑是否有反应古气候古地貌变化的稀有独特土壤，或起源于稀有物质的土壤，如洛川黄土地质公园，以黄土剖面和黄土地质地貌景观为特色，并保存有脊椎动物化石、极其特殊的典型黄土地质景观遗迹，记录了第四纪以来古气候、古环境、古生物等重要地质事件和信息，是研究中国大陆乃至欧亚大陆第四纪地质事件的典型地质体；文化方面主要考虑土壤是否具有人文历史遗迹，或是否起源于稀有、受人为影响的土壤，如绰墩文化遗址保存有马家浜文化时期水稻田，从而确定6 000多年前昆山地区已有人工栽培的水稻。（吴克宁、查理思）

**280.** **土壤如何反映古环境？**

　　土壤通过其理化性质变化记录古环境，目前研究手段主要集中于粒度、磁化率、色度、黏土矿物。粒度分布特征是沉积物的基本特征之一，受搬运和沉积过程的动力条件控制，与沉积环境密切相关，粒度作为气候变化的替代指标得到了广泛应用。磁化率表征物质被磁化的难易程度，主要取决于土壤中磁性矿物的种类、含量与磁颗粒的粒度组分，而这些参数又直接或间接地受到物源和环境条件的制约。颜色的空间变化可以反映气候要素对土壤性状的制约性，如在黄土地区，暗色古土壤层和浅色黄土层的交错堆积记录了第四纪夏季风优势期和冬季风优势期的交替出现。土壤黏土矿物大多是成土过程的产物，其种类和含量与气候密切相关，通常情况下，伊利石与绿泥石组合指示弱化学风化作用的寒冷气候条件，高岭石与蒙脱石组合指示强化学风化作用的温湿气候条件。此外，还可以通过土壤中的生物遗存，如孢粉、植硅体，根据植被类型来还原古气候。如在河南仰韶文化遗址，发现仰韶文化时期土壤中存在水稻植硅体，推测当时气候相对湿热。（吴克宁、查理思）

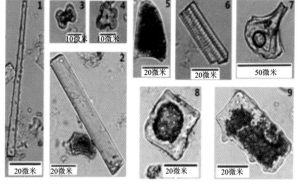

仰韶文化遗址植硅体（摄影：吴克宁、查理思、王文静）

## 281. 什么是土壤功能货币化计量？

土壤是生态系统的基础和载体，其本身也是一个生态系统，土壤生态服务功能变迁是生态环境问题中的一个关键环节，尤其是在现代城市生态系统中。但随着工业化、城市化进程不断加速，一系列社会和生态环境问题相继出现，并且成为制约社会持续发展的障碍。土壤功能变迁对区域居民的生活产生一系列影响，其既通过食物链影响食品安全，还通过水体、大气进而影响城市环境的质量和居民的生命健康。人们每天呼吸的空气和饮用水的好坏，都与土壤功能变迁存在着密切的关系。土壤多元利益和价值的持续和实现，需要对隐藏的土壤功能和土壤利益进行全面的挖掘和分析，全面计量所得和所失，进而在土地利用、规划、基准地价确定中把土壤自然资本涵盖进来，最简单的方式是以货币的形式来衡量土壤自然资本及其功能价值，这就是土壤功能货币化计量。（吴克宁、查理思）

 **282.** 如何进行土壤功能评价？

根据不同的土壤功能，分别选取不同的评价因素。

土壤环境交互功能评价考虑因素：土壤质地、土壤结构、砾石含量、pH、有机质、表土结构、地下水位、容重、饱和导水率、土层厚度、有效田间持水量、空气容量、阳离子交换量、母质类型、有机碳含量、无机碳含量。土壤动植物栖息地功能评价主要考虑因素：年降水量、地下水位、pH、有效田间持水量、灌排与否、耕作与否、土地利用状况。土壤作物生产功能评价主要考虑因素：障碍层次深度、有效田间持水量、空气容量、CEC、pH、电导率、有机质含量、土壤结构、地形坡度、年均温、灌排条件、地下水位。土壤人居环境功能评价主要考虑因素：重金属含量、有机污染物含量、污染源分布相关信息。土壤自然和文化历史档案功能评价主要考虑因素：区位重要性、文化遗产的风险类型与程度、价值、地质年龄、保护措施。土壤原材料供给功能评价主要考虑因素：黏土、沙石、矿物含量等、区位条件、土地利用情况。（吴克宁、查理思）

### 土壤功能评价指标一栏表（来自梁思源）

| 土壤功能 | | 评价指标 |
|---|---|---|
| 环境交互媒介 | 水分循环 | 粗物质含量、土壤质地、容重、饱和导水率、有机质含量、土层厚度、有效田间持水量、空气容量 |
| | 养分循环 | 土层厚度、阳离子交换量、土壤质地、土壤结构、母质类型 |
| | 碳存储库 | 有机碳含量 |
| | 缓冲过滤 | 黏土含量、土壤结构、粗物质含量、pH、土层厚度、有机质含量 |
| | 分解转化 | 有机质含量、表土层厚度、表土结构、pH、地下水位 |
| 动植物栖息地 | | 地下水位、氧化还原特征；pH、有效田间持水量、土层的厚度；土地利用 |
| 作物生产 | | 根系深度（障碍层次深度）；土层厚度、土壤质地、容重、有机质含量、有效田间持水量、空气容量、有效阳离子交换量、pH、电导率、土壤结构；年均温；坡度、水土流失防护措施；灌排条件、地下水位 |
| 人居环境 | | 环境等级、点源污染、面源污染 |
| 自然文化历史档案 | | 独特性、稀有性 |
| 原材料供给 | | 黏土含量、土体厚度；区位条件；相关政策法规 |

## 283. 什么叫作夯土？

夯土，作动词是表示打夯，即将泥土压实；名词释义为中国古代建筑的一种材料，结实、密度大且缝隙较少的压制混合泥块，用作房屋建筑。我国使用此技术的时间十分久远，从新石器时代到20世纪50、60年代一直在大规模使用，就是现在也有一些偏远地区仍然在使用此法。夯土的大致含义是用干打垒分层夯实土层的一种需要众多劳动力的高强度体力劳动。少则数千人，多则数万人以上，在我国古代能够聚集如此众多的劳动力的组织或个人，只有政府和王公贵族。所以我们现在看到的万里长城、故宫、马王堆汉墓、秦始皇陵这些古建筑，他们的地基都是夯土。

而现在福建永定的客家土楼、甘肃敦煌古城墙及军事遗迹等依然可以看到夯土，而福建土楼则把中国传统的夯土施工技术推向了顶峰。国外设计师也采用夯土技术，设计出精美的房屋。（吴克宁、查理思）

# 第六部分
## CHAPTER 6

# 土壤保护相关法规政策与
# 重大节日

 **我国现有相关法律法规中土壤保护利用的
要点有哪些?**

我国相继出台了《中华人民共和国农业法》《中华人民共和
国土地管理法》《中华人民共和国环境保护法》等法律法规，通

我国关于土壤保护的相关法律法规（绘图：潘伟、段英华）

过法律条文的形式规定了国家、政府以及用地者的职责。其要点是实行占用耕地补偿制度以及基本农田保护制度，加强对土壤的保护，建立和完善相应的调查、监督、评估和修复制度；国家鼓励单位和个人按照土地利用总体规划进行土地开发、土地整理等活动，提高耕地土壤质量，增加有效耕地面积。同时也规定了各级人民政府应当统筹有关部门采取措施，改良土壤，提高地力，防止土地荒漠化、盐渍化、水土流失和污染土地。农民和农业生产经营组织应当保养耕地，合理使用化肥、农药等农业用品，增加使用有机肥料，采用先进技术，保护和提高地力，防止农用地的污染；占用耕地的单位将所占用耕地耕作层的土壤用于新开垦耕地、劣质地或者其他耕地的土壤改良；使用土地的单位和个人，有防止该土地沙化的义务，使用已经沙化的土地的单位和个人，有治理该沙化土地的义务。（汪景宽、杨骥）

## 285. 《土壤环境保护和污染治理行动计划》（"土十条"）主要内容是什么？

《土壤环境保护和污染治理行动计划》即"土十条"，是环境保护部按照国务院有关要求编制的保护土壤、治理土壤污染的工作安排，目前还在审核阶段。其主要内容包括划定重金属严重污染的区域，投入治理资金的数量，治理的具体措施等多项内容。

从2006年开始，环境保护部会同有关部门对我国土壤污染状况展开了调查，目前正对一些重点区域耕地重金属等污染情况进行统计。根据调查结果，将划定重金属严重污染的区域，进行有针对性的污染治理。作为土壤管理和综合防治的一个重要规划，"土十条"将制定治理我国土壤污染具体"时间表"，总体上把土壤污染分为农业用地和建设用地，分类进行监管治理和保护，对于土壤污染治理责任和任务也将逐级分配到地方政府和企业，争取到2020年使土壤恶化情况得到遏制。国家将出台社会资本投资土壤污染治理领域的一系列鼓励政策，包括财政、税收、贷款优惠等内容，以此来促进和规范土壤污染治理领域政府和社会资本合作，并逐步将土壤污染防治领域全面向社会资本开放。（汪景宽、杨骥）

250

《土壤环境保护和污染治理行动计划》（"土十条"）

（绘图：汪景宽）

## 286. FAO的《世界土壤宪章》核心内容是什么？

首份《世界土壤宪章》是由联合国粮食及农业组织（简称"粮农组织"）成员国于1981年粮农组织大会期间构想、编制、磋商和通过的。值此2015国际土壤年之际，成员国在第三十九届粮农组织大会期间一致批准了新的《世界土壤宪章》，将它作为推进和规范各级可持续土壤管理的工具。

《世界土壤宪章》核心内容不仅对土地利用规划和土地评价高度关注，还涉及诸如土壤污染以及对环境的影响等新问题、近年来的一些主要参照标准和重大发现等新成果，以考虑更加广泛的利益相关者，迎接世界所面临的严峻挑战。

土壤为地球生命之本，为了满足人类普遍的粮食、水和能源安全需要，必须维护或加强全球土壤资源。土壤的妥善治理需要认识不同的土壤内在化学、生物和物理特性以及土壤能力，了解自然和人为变化对土壤特性的作用。只有这样，土壤使用者才能确保最佳的土地用途，保证粮食安全，实现土壤可持续利用。政府、团体以及个人应采取多层面、跨学科举措，充分考虑地方或本地情况，维持或增强土壤的支持、供应、调节和栽培服务，维持土壤生物多样性，尽量减少或消除土壤退化，对土壤必要生态系统服务的贡献进行全球性评价，这样的土壤管理才有意义。

（汪景宽、杨骥）

《世界土壤宪章》的核心：保护全球土壤资源（绘图：邸佳颖）

## 欧盟土壤保护主题战略核心何在？

欧盟各成员国之间经济跨界发展的同时，也产生了一系列的土壤污染问题。因此，各成员国从可持续发展的角度出发，出台了一系列共同的法律政策来保护土壤环境。

1927年欧洲共同体颁布了《欧洲土地宪章》，规定各国政府和行政当局应理性规划和管理土地资源，土地政策编制应充分考虑土地属性以及社会需要，土地保护需根据不同水平设计目标。土地应加以保护，以防水土流失、土地污染；对土地资源进行科学调查，着力提升科研水平与跨学科合作。2003年做了修订，重新确立实现土地资源可持续利用的目标以及土地保护的基本原则。

2004年《欧盟环境民事责任指令》规定，被污染场地若是无主的，由行政当局负责对场地进行修复。2006年通过的《土壤框架指令》草案要求各成员国防治土壤污染，编制污染场地名录和制定目标值，以确定需要进行修复的场地，同时要求成员国采取措施促进相关经验和信息的交流。

欧盟通过法律法规保护土壤（绘图：汪景宽）

欧盟综合考虑各国之间的差异与统一，通过法律的形式规定了土地作为共同财产，对于它的保护是普遍的利益；对于规划和管理土地资源，必须考虑到他们的生态功能多样性以及可持续发展；并且对于被污染的土地以及潜在污染的土地，各国政府应采取科学谨慎的措施予以防治。（汪景宽、杨骥）

## 288. 日本土壤保养法对我们有什么启示？

日本可利用的土地资源非常有限，因此政府不断制定各种法律来保护土地，以求土地资源可持续利用。日本相继颁布《国土利用计划法》《农地法》《土壤污染对策法》《日本农业用地土壤污染防治法》等一系列法律法规形成了配套的法律体系。这些立法实践及其施行经验对我国土壤保护以及土壤污染防治具有借鉴价值。

日本政府在制定、实施土地利用规划时，十分重视以法律手段保障规划工作的顺利开展和规划内容的具体实施。各种规划分工明确，重视部门协调、专家审议和公众参与，违法用地行为一经发现严惩不贷。法律对行为主体的义务规定明确，例如无论土壤使用者心态如何都必须承担恢复污染土壤以及防止土壤污染的责任。我国在法律施行方面应结合本国实际情况，加大执法力度，确保耕地资源切实受到法律保护。

日本在土壤污染防治方面设立了农业型污染和城市型污染分别立法的制度，因为农业型土壤污染和城市型土壤污染的原因不同，在防治的具体对策上也有明显的城乡差别。法律的制定也细化到地域，同时还有一些相关技术标准形成了综合性立法体系。并且，日本在土壤污染防治方面开展立法工作比较早，形成了土壤污染管制地区制度，这在我国土壤污染防治方面值得借鉴。（汪景宽、张立江）

253

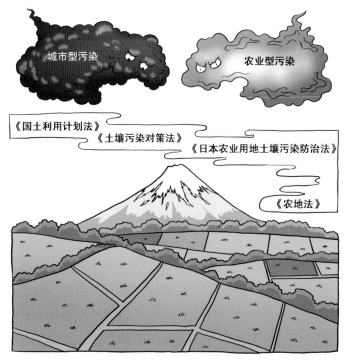

日本土壤保护的相关法律法规（绘图：汪景宽）

## 289. 为什么我国急需建立耕地质量保护条例？

耕地是人类赖以生存和发展的物质基础，耕地质量的好坏不仅决定农产品的产量，而且直接影响到农产品的品质，关系到农民增收和人民身体健康，关系到国家粮食安全和农业可持续发展。但是，目前我国耕地质量问题日益突出，耕地退化日益严重。据农业部统计，全国因水土流失、贫瘠化、次生盐渍化、酸化导致耕地退化面积已占总面积的40%以上。基础地力明显不足，据中国农业科学院农业资源与农业区划研究所徐明岗研究员介绍，欧美国家粮食产量70%～80%靠基础地力，20%～30%靠水肥投入，而我国耕地基础地力对粮食产量的贡献率仅为50%，与欧美等发达国家相比，低20%～30%。污染面积不断扩大，来自环境部门的数据显示，目前，全国耕地面积的10%以上受到不同程度的重金属污染。其中，受矿区污染耕地3 000万亩，石油污染耕地约7 500万亩，固体废弃物堆放污染约75万亩，"工业三废"污染近1.5亿亩，污灌农田近5 000万亩。这些问题不仅影响农产品的增产和品质，而且对农业可持续发展构成严重威胁。因此，我国急需制定耕地质量保护条例来有效保护日益退化的耕地。（汪景宽、张立江）

我国急需制定耕地质量保护条例来保护土壤（绘图：潘伟、何亚婷）

## 290. 如何实现"藏粮于土"？

我国是人口众多的大国，解决好吃饭问题始终是治国理政、关系民生的头等大事。耕地资源的数量和质量是粮食生产的基本保证，耕地资源安全是中国粮食安全的关键。我国耕地安全的基本态势是：人均耕地不足、后备资源有限、地域分布失衡。世界粮食态势同样不容乐观，中国粮食问题全球瞩目。

　　要保证我国耕地与粮食安全，从根本上解决"藏粮于库"问题，有必要实施"藏粮于土"计划，全面提高中国土地资源的综合生产力。其主要战略内容是：切实保护耕地，建立国家级耕地保护区；实施土地整理，提高土地资源利用率；建设基本农田，提高土地资源生产效率；建立小区平衡机制，提高农业资源区域配置效率；立足全部国土，挖掘非耕地食物资源生产潜力。（邸佳颖）

## 256 291. 国家标准《耕地质量等级》发布的重要意义是什么？

　　GB/T 33469—2016《耕地质量等级》国家标准经国家质量监督检验检疫总局、国家标准化管理委员会批准发布，于2016年12月30日起正式实施。这是我国首部耕地质量等级国家标准，为耕地质量调查监测与评价工作的开展提供了科学的指标和方法。

　　该标准规定了耕地质量区域划分、指标确定、耕地质量等级划分流程等内容，适用于各级行政区及特定区域内耕地质量等级划分。该标准从农业生产角度出发，对耕地地力、土壤健康状况和田间基础设施构成的满足农产品持续产出和质量安全的能力进行评价，将耕地质量划分为10个耕地质量等级。一等地耕地质量最高，十等地耕地质量最低。该标准根据不同区域耕地特点、土壤类型分布特征，将全国耕地划分为东北区、内蒙古及长城沿线区、黄淮海区、黄土高原区、长江中下游区、西南区、华南区、甘新区、青藏区9大区域，各区域评价指标由13个基础性指标和6个区域补充性指标组成，明确了相关评价指标的涵义、获取方法和划分标准等。该标准的发布与实施，实现了全国耕地质量评价技术标准的统一，有利于指导各地根据耕地质量状况，合理调整农业生产布局，缓解资源环境压力，提升农产品质量安全水平。（李玲）

**耕地使用者都有哪些义务来保护耕地？**

　　耕地使用者主要是指耕地承包方及耕地经营权流转后的流入方。他们与耕地直接打交道，他们如何耕种、如何施肥、如何使用农药，直接影响耕地质量，因此根据《土地承包法》的规定，承包人要承担依法保护和合理利用土地的义务。同时《中华人民共和国农业法》第五十八条明确规定了农民和农业生产经营组织应当保养耕地，合理使用化肥、农药、农用薄膜，增加使用有机肥料，采用先进技术，保护和提高地力，防止农用地的污染、破坏和地力衰退。

　　此外，耕地使用者还应将秸秆还田，加强绿肥种植，增施有机肥，改良土壤，培肥地力，促进有机肥资源转化利用，改善农村生态环境，提升耕地质量。（汪景宽、张立江）

耕地使用者有义务来保护耕地（绘图：潘伟、何业婷）

## 293. 哪些废弃物不得在耕地上施用?

生活垃圾、建筑垃圾、医疗垃圾、工业废料、废渣等固体废弃物一旦进入农田,一方面会直接破坏种植条件和耕地质量,另一方面其有害成分受淋溶、渗透作用,在土壤中扩散、吸附和积累,污染土壤和农作物,污染严重的耕地甚至无法耕种。

例如,供农田施用的城市污水处理厂的污泥,城市下水沉淀池的污泥,某些有机物生产厂的下水污泥以及江、河、湖、库、塘、沟、渠的沉淀底泥,城乡居民和工厂燃煤而留下的粉煤灰,城镇、农村居民日常生活废弃的垃圾和其他有机废弃物等。虽然其含有肥料成分,但重金属和有机污染物等有毒有害物质严重超标,必须经无害化处理并符合国家有关标准要求后,才能作为肥料使用。目前,相关规定主要有GB4284—1984《农用污泥中污染物控制标准》和GB8172—1987《城镇垃圾农用控制标准》等。

不得在耕地上施用的废弃物

生活垃圾

工业废料

建筑垃圾

医疗垃圾

不进行无害化处理的废弃物,不得在耕地上施用

畜禽粪便

工业废水

生活废水

不得在耕地上施用的废弃物(绘图:邸佳颖)

工业废水、生活废水中含有大量有毒有害物质，这些物质在没有经过有效处理的情况下进入农田，会造成土壤污染。此外，目前养殖小区发展很快，养殖小区产生的畜禽粪便也增长很快，如果对其畜禽粪便不进行无害化处理而直接排放，其中的重金属和蛔虫卵等有害物质就会污染农田周围的灌溉用水和耕地土壤。（汪景宽、张立江）

## 294. 为什么规定建设用地的耕作层必须进行剥离与再利用？

土壤是地球上所有动物和植物赖以生存的物质基础，人类几乎所有农产品和部分行业原材料都来自于土壤。可以说，土壤是一种重要的自然资源，而耕地的耕作层土壤更是土壤中最为宝贵的部分，是社会经济发展的财富。在一些地方，农民常用"一碗土、一碗粮"形容耕作层土壤的珍贵。耕作层土壤是耕地地力的载体，肥沃土壤的形成往往需要数百年甚至更长的时间，因而耕作层又是一种十分珍贵的不可再生资源。耕地被占用后若直接填

剥离耕作层土壤再利用

规定建设用地

建设用地的耕作层可以进行剥离与再利用（绘图：邸佳颖）

埋是对资源的巨大浪费，将耕地耕作层进行剥离再利用，能迅速提高新开垦耕地的质量。

所以，占用耕地建设单位必须综合考虑经济、技术以及取土和覆土供需匹配等因素，科学规划，合理确定取土区、存放区和覆土区，统筹安排剥离、存放、覆土等任务，力争剥离与覆土紧密衔接、同步实施，合理确定剥离厚度和剥离方式。剥离的耕作层可重点用于新开垦耕地和劣质耕地改良、被污染耕地治理、矿区土地复垦以及城市绿化等。（汪景宽、张立江）

260

**295.** **为什么要捍卫"18亿亩耕地红线"不动摇？**

保护耕地就是保护我们的生命线，耕地保护是关系我国经济和社会可持续发展的全局性战略问题。"十分珍惜和合理利用土地，切实保护耕地"是必须长期坚持的一项基本国策。

保证粮食自给率就是保证粮食安全，"中国人的饭碗任何时候都要牢牢端在自己手上，我们的饭碗应该主要装中国粮"。根据我国人口数量及人均粮食基本需求量，确定18亿亩是中国现阶段耕地保有量的下限。2006年3月14日，在十届全国人大四次会议上通过的《国民经济和社会发展第十一个五年规划纲要》提出，18亿亩耕地是一个具有法律效力的约束性指标，是不可逾越的一道红线，少于此，则粮食安全要出问题。所以18亿亩的红线断不可破。这既是保护耕地的高压线，也是粮食安全的警戒线，必须严防死守。（李玲）

**296.** **我国首部高标准农田建设国家标准——《高标准农田建设通则》的主要内容是什么？**

由国土资源部牵头，会同农业部、国家发展和改革委员会、财政部、水利部、国家统计局、国家林业局、国家农业综合开发办公室等部门共同编制的国家标准GB/T30600—2014《高标准农田建设通则》经国家质量监督检验检疫总局、国家标准化管理委员会批准发布，于2014年6月25日"全国土地日"起正式实施。这是我国首部高标准农田建设国家标准。

其中核心部分包括高标准农田建设基本原则、建设区域、建设内容与技术要求、管理要求、监测与评价、建后管护与利用6个方面，明确了高标准农田建设应遵循规划引导，因地制宜，数量、质量、生态并重，维护权益和可持续利用5条原则。综合考虑国家相关规划布局与生态保护要求，确定了高标准农田建设的重点区域、限制区域和禁止区域3类区域。明确了土地平整、土壤改良、灌溉与排水、田间道路、农田防护与生态环境保持、农田输配电等高标准农田建设具体内容和技术要求，提出耕作层厚度、田间道路通达度、农田防护面积比例、田间基础设施使用年限等一系列量化指标要求，还对建成后耕地质量等级、地力等级提出要求。对土地权属调整、地类变更管理、验收与考核、统计、信息化建设与档案管理等提出明确要求。提出要开展耕地质量和地力等级评定及动态监测评价，开展高标准农田建设绩效评价。还提出建成的高标准农田要划为基本农田、开展土壤培肥和农业科技配套与应用、工程管护等建后管护与利用等方面要求。

（李玲）

## 297. 为什么国家一直重视我国黑土地的保护？

黑土是世界公认的最肥沃的土壤。长期以来，我们对黑土地资源的过度开发利用，使得曾经"黑黝黝、抓一把能出油"的黑土地，如今已疲惫不堪逐渐变薄。当前东北黑土地面临的"量减质退"局面，给农业可持续发展和生态环境带来潜在风险。这主要源于过度开垦利用、不合理的耕作制度和产业结构、长期忽视水土保持措施等。加之强制性的法律法规等制度性约束缺乏，农民无法从保护黑土地中获得更多经济效益，导致农民"重用地轻养地"，黑土地不堪重负。

黑土地的现状已引起各界高度重视。国家层面出台了保护黑土地资源的法律法规，尽快实现黑土地资源保护的刚性约束，从国家战略高度重视黑土地资源的保护，建立黑土地资源保护长效机制，全面推行保护性耕作制度，大幅增加黑土地农田基本设施投入。（李玲）

大豆—玉米轮作是黑土保护的有效措施之一（黑龙江海伦，摄影：徐明岗）

## 298. 什么是耕地地力评价？

耕地地力是指在当前管理水平下，由土壤立地条件、自然属性、基础设施水平等相关要素构成的耕地生产能力。耕地地力评价的主要流程为：利用土壤图、土地利用现状图、行政区划图叠加形成的图斑作为评价单元；选取对耕地地力有较大影响、在评价区域内变异较大、具有相对长期稳定性、独立性较强的耕地地力评价因子；采用专家经验、层次分析和模糊数学法相结合的方法，确定各评价因子权重、隶属度，计算耕地地力综合指数；最后采用拐点法或等距离法划分耕地地力等级。（辛景树、任意、薛彦东）

耕地地力评价（绘图：潘伟、何亚婷）

## 299. 为什么要开展耕地质量长期定位监测工作?

耕地质量长期定位监测是通过定点进行年度调查、观测记载和采样测试等方式，对耕地的理化性状、生产能力和环境质量进行动态评估的一系列工作。该项工作是《中华人民共和国农业法》《基本农田保护条例》等国家法律法规赋予农业部门的一项重要职责，也是贯彻落实新形势下国家粮食安全战略的一项基础性、公益性和长期性工作。通过开展耕地质量长期定位监测工作，能够及时了解和掌握耕地质量现状及其演变规律，对于因地制宜加强耕地质量建设与管理、指导农民科学施肥、改善农业生态环境、保护和提高耕地综合生产能力、促进耕地资源可持续利用具有十分重要的现实意义和深远的历史意义。(辛景树、任意、薛彦东)

国家耕地质量监测点（左）及耕地质量长期定位监测示意图（右）

（照片及绘图：徐明岗、李玲）

## 300. 我国耕地质量监测网络如何布局？

根据我国有关法律规定，耕地质量监测分为国家、省、地、县四级进行，具体监测工作由农业行政主管部门下设的土肥技术推广机构负责实施，并按年度向同级人民政府报告监测结果，用以指导农业生产。国家耕地质量长期定位监测工作始于20世纪80年代中期，截至2015年年底，共有国家级耕地质量监测点346个，分布在全国30个省（自治区、直辖市）的269个县中，涵盖35个主要耕地土类，兼顾了高、中、低不同地力水平，涉及主要种植制度。在国家带动下，省、市、县农业部门也分层建立了耕地质量长期定位监测点。据不完全统计，全国省级监测点约3 000个，地、县级监测点约11 000个。未来，将逐步完善耕地质量监测网络，使之覆盖所有耕地土壤类型、种植制度和所有农业县（市、区）。（辛景树、任意、薛彦东）

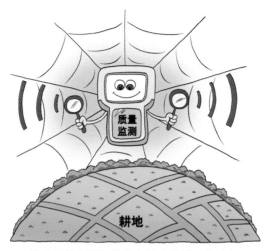

耕地质量监测网络的布局（绘图：李玲）

## 301. 《中华人民共和国农业法》中土壤保护利用的要点有哪些？

2013年1月1日起施行的第二次修改的《中华人民共和国农业法》对土壤保护利用进行了相应规定：

**第十条** 国家实行农村土地承包经营制度，依法保障农村土地承包关系的长期稳定，保护农民对承包土地的使用权。农村土地承包经营的方式、期限、发包方和承包方的权利义务、土地承包经营权的保护和流转等，适用《中华人民共和国土地管理法》和《中华人民共和国农村土地承包法》。

**第三十一条** 国家采取措施保护和提高粮食综合生产能力，稳步提高粮食生产水平，保障粮食安全。国家建立耕地保护制度，对基本农田依法实行特殊保护。

**第五十七条** 发展农业和农村经济必须合理利用和保护土地、水、森林、草原、野生动植物等自然资源，合理开发和利用水能、沼气、太阳能、风能等可再生能源和清洁能源，发展生态农业，保护和改善生态环境。县级以上人民政府应当制定农业资源区划或者农业资源合理利用和保护的区划，建立农业资源监测制度。

第五十八条　农民和农业生产经营组织应当保养耕地，合理使用化肥、农药、农用薄膜，增加使用有机肥料，采用先进技术，保护和提高地力，防止农用地的污染、破坏和地力衰退。县级以上人民政府农业行政主管部门应当采取措施，支持农民和农业生产经营组织加强耕地质量建设，并对耕地质量进行定期监测。

第五十九条　各级人民政府应当采取措施，加强小流域综合治理，预防和治理水土流失。从事可能引起水土流失的生产建设活动的单位和个人，必须采取预防措施，并负责治理因生产建设活动造成的水土流失。各级人民政府应当采取措施，预防土地沙化，治理沙化土地。国务院和沙化土地所在地区的县级以上地方人民政府应当按照法律规定制定防沙治沙规划，并组织实施。

第六十条　国家实行全民义务植树制度。各级人民政府应当采取措施，组织群众植树造林，保护林地和林木，预防森林火灾，防治森林病虫害，制止滥伐、盗伐林木，提高森林覆盖率。国家在天然林保护区域实行禁伐或者限伐制度，加强造林护林。

第六十一条　有关地方人民政府，应当加强草原的保护、建设和管理，指导、组织农（牧）民和农（牧）业生产经营组织建设人工草场、饲草饲料基地和改良天然草原，实行以草定畜，控制载畜量，推行划区轮牧、休牧和禁牧制度，保护草原植被，防止草原退化沙化和盐渍化。

第六十二条　禁止毁林毁草开垦、烧山开垦以及开垦国家禁止开垦的陡坡地，已经开垦的应当逐步退耕还林、还草。禁止围湖造田以及围垦国家禁止围垦的湿地。已经围垦的，应当逐步退

耕还湖、还湿地。对在国务院批准规划范围内实施退耕的农民，应当按照国家规定予以补助。（辛景树、任意、薛彦东）

《中华人民共和国农业法》中明确了土壤保护利用的要点

（绘图：李玲）

## 302. 什么是土壤环境质量标准?

为防止土壤污染，保护生态环境，保障农林生产，维护人体健康，国家制定并颁布了有关土壤环境质量标准。标准按土壤应用功能、保护目标和土壤主要性质，规定了土壤中污染物的最高允许浓度指标值及相应的监测方法，适用于农田、蔬菜地、茶园、果园、牧场、林地、自然保护区等地的土壤。

根据土壤应用功能和保护目标，划分为三类：Ⅰ类主要适用于国家规定的自然保护区(原有背景重金属含量高的除外)、集中式生活饮用水源地、茶园、牧场和其他保护地区的土壤，土壤质量基本保持自然背景水平；Ⅱ类主要适用于一般农田、蔬菜地、茶园、果园、牧场等土壤，土壤质量基本上对植物和环境不造成危害和污染；Ⅲ类主要适用于林地土壤及污染物容量较大的高背景值土壤和矿产附近等地的农田土壤(蔬菜地除外)。土壤质量基本上对植物和环境不造成危害和污染。

标准阈值分为三级：一级标准为保护区域自然生态，维持自然背景的土壤环境质量的限制值；二级标准为保障农业生产，维护人体健康的土壤限制值；三级标准为保障农林业生产和植物正常生长的土壤临界值。Ⅰ类土壤环境质量执行一级标准；Ⅱ类土壤环境质量执行二级标准；Ⅲ类土壤环境质量执行三级标准。(辛景树、任意、薛彦东)

Ⅰ类主要适用于国家规定的自然保护区（原有背景重金属含量高的除外）、集中式生活饮用水源地、茶园、牧场和其他保护地区的土壤，土壤质量基本保持自然背景水平。

**土壤环境质量标准**
**（土壤应用功能和保护目标）**

Ⅱ类主要适用于一般农田、蔬菜地、茶园、果园、牧场等土壤，土壤质量基本上对植物和环境不造成危害和污染。

Ⅲ类主要适用于林地土壤及污染物容量较大的高背景值土壤和矿产附近等地的农田土壤（蔬菜地除外）。土壤质量基本上对植物和环境不造成危害和污染。

土壤环境质量标准的分类（绘图：段英华）

**什么是土壤资源调查与评价？**

　　土壤资源调查与评价就是把某地区的土壤作为资源进行调查，研究其各种土壤类型发生、发育程度、演变规律、地理分布状况及规律，分析其理化性状、生产性能及其与生态、环境和农业生产的关系，测绘出土壤类型图和相关图件，并在此基础上对土壤资源的质量、适宜性和限制性进行综合评价，制定合理的开发利用改良实施方案。（辛景树、任意、薛彦东）

土壤资源调查与评价（绘图：潘伟、段英华）

**304.** **2015国际土壤年的由来？**

　　土壤是农业发展和粮食安全的基础。同时，土壤在粮食安全、水安全、能源安全、减缓生物多样性以及气候变化等方面都起着重要作用，这就迫切需要人们提高对有限土壤资源的认识并维持其可持续性。

2013年12月第六十八届联合国大会正式通过决议，将2015年定为"国际土壤年"。国际土壤年的口号是"健康土壤带来健康生活"（Healthy Soils for a Healthy Life），旨在提高人们对土壤在粮食安全和基本生态系统功能方面重要作用的认识和了解。（何亚婷、徐明岗）

270

2015国际土壤年标识（图片来自联合国粮农组织网站）

## 305. 为什么说健康土壤带来健康生活？

土壤是植被和农业的基础，森林需要土壤才能生长，人类需要土壤来生产粮食、饲料、纤维、燃料和其他诸多产品。土壤中蕴藏着世界1/4的生物多样性，土壤也是碳循环中的关键因素，它能够帮助我们减缓和适应气候变化。此外，土壤有助于水资源管理和加强抵御洪水和干旱的能力。

"民以食为天，食以土为本，万物土中生。"95%以上的植物生长离不开土壤。只有健康的活性土壤才能生产营养丰富、品质优良的粮食和动物饲料。只有土壤健康，生态循环才得以保障，

人体才会健康!（何亚婷、徐明岗）

健康的土壤是健康生活的基础（图片来自联合国粮农组织网站）

 **为什么将每年12月5日定为世界土壤日？**

在2002年泰国曼谷召开的第十七届世界土壤学大会上，国际土壤科学联合会（IUSS）理事会提议，将每年的12月5日作为世界土壤日（World Soil Day）。这一提议得到联合国（UN）粮农组织（FAO）的支持。2012年12月5日13:00～14:30，粮农组织首次以"保护土壤健康，保障世界粮食安全（Securing Healthy Soils For a Food Secure World）"为主题庆祝"世界土壤日"。2013年12月第六十八届联合国大会正式通过决议，将12月5日定为"世界土壤日"。2014年12月5日是联合国首个"世界土壤日"。

12月5日是泰国普密蓬·阿杜德国王陛下的生日，"世界土壤日"定于这天是为了铭记他在促进土壤科学和土壤资源保护方面的贡献。"世界土壤日"旨在通过有关土壤资源教育，提高民众对土壤退化的认识，确保土壤健康。（何亚婷、徐明岗）

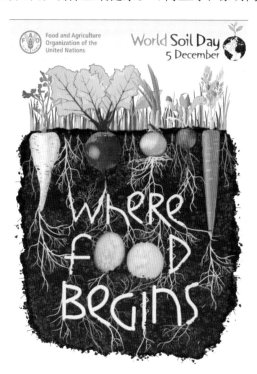

世界土壤日宣传标识（图片来自联合国粮农组织网站）

### 307. 你知道中国耕地质量日吗？

"民以食为天、食以土为本、土以质为先"。土壤是构成生态系统的基本要素，也是人类赖以生存最主要的物质基础，更是一个国家和民族可持续发展的基本条件。我国人均耕地少、耕地质量总体水平低，且耕地退化和污染时有发生，尤其是近年来耕地数量明显减少的现实，迫使我们必须更加重视耕地质量建设与管理。

2011年11月20日，来自中国科学院、中国农业科学院、中国农业大学、南京农业大学及全国16个省市区农业大学、科研院所、土壤肥料推广机构的27名专家和技术人员，在江苏省南京市举行的2011土壤国际研讨会上，联名发出《提高中国耕地质量倡议书》，呼吁全社会行动起来，"要像爱护自己的眼睛一样来关爱我国的耕地质量"，并建议国家将每年11月20日定为"中国耕地质量日"，旨在提高公众耕地质量保护意识，采取有效行动，保护耕地资源，提高耕地质量。

中国耕地质量日徽章含义：地球表层的土壤是人类赖以生存的物质基础，设计图案的英文为soil，其中的s象征耕田的犁，o象征土壤，i象征作物的苗，l象征人。（沈其荣、徐明岗）

中国耕地质量日标识（设计：沈其荣）

274

## 308. 你知道"世界地球日"吗?

2009年第六十三届联合国大会决议将每年的4月22日定为"世界地球日"(The World Earth Day)。

地球日是一项世界性的环境保护活动,该活动最初在1970年于美国由盖洛德·尼尔森和丹尼斯·海斯发起,随后影响越来越大。活动旨在唤起人类爱护地球、保护家园的意识,促进资源开发与环境保护的协调发展,进而改善地球的整体环境。我国从20世纪90年代起,每年都会在4月22日举办世界地球日活动。(李玲)

## 309. 你知道我国的"全国土地日"吗?

国务院在1991年决定设立每年的6月25日为"全国土地日"。这是为纪念在1986年6月25日这一天颁布的我国第一部专门调整土地关系的大法——《中华人民共和国土地管理法》。"全国土地日"是国务院确定的第一个全国纪念宣传日,中国更是世界上第一个为保护土地而设立专门纪念日的国家。(李玲)

## 310. 什么是土壤质量?

土壤质量是土壤在生态系统界面内维持生产,保障环境质量,促进动物和人类健康行为的能力。美国土壤学会(1995)把土壤质量定义为:在自然或管理的生态系统边界内,土壤具有动植物生产持续性,保持和提高水、空气质量以及支撑人类健康与生活的能力。因此,土壤质量是土壤提供植物养分和生产生物物质的土壤肥力质量,容纳、吸收、净化污染物的土壤环境质量,以及维护保障人类和动植物健康的土壤健康质量的综合量度。

土壤质量概念的内涵不仅包括作物生产力、土壤环境保护，还包括食物安全及人类和动物健康。这一概念从整个生态系统中考察土壤的综合质量，因此，土壤质量的概念超越了土壤肥力概念，也超越了通常的土壤环境质量概念。它不只是把食物安全作为土壤质量的最高标准，还关系到生态系统稳定性、地球表层生态系统的可持续性，是与土壤形成因素及其动态变化有关的一种固有的土壤属性。因此，土壤科学的研究除了应继续重视土壤肥力质量的研究外，还必须向土壤环境质量和土壤健康质量方面转移。（何亚婷、徐明岗）

我国耕地土壤近两成污染指数超标，土壤质量下降（图片：徐明岗）

## 311. 什么是土壤安全？

土壤是生命之基、万物之母。千百年来，人类在脚下的这片土地上繁衍生息，收获粮食，汲取水源，开矿挖宝，接受着它慷慨的馈赠，它永远是无私的奉献者。难道如今土壤也面临安全问题吗？

近年来，水污染看得到，大气污染闻得到，噪声污染听得到，相比起来土壤污染则"安静得多"，其危害却不遑多让。全国土壤污染状况调查公报显示，全国土壤总的点位超标率为16.1%，耕地、林地、草地土壤点位超标率分别为19.4%、10.0%、10.4%，而无机污染物超标占全部超标点位的82.8%，说明全国土壤环境状况总体不容乐观，耕地土壤环境质量堪忧，土壤安全面临重大威胁。

除了土壤污染，我国土壤还存在以下安全问题：①土壤资源减少，土壤退化加剧，具体表现为水土流失、耕地肥力下降、土地荒漠化、土壤盐渍化、土壤石漠化及土壤酸化等突出问题；②土壤肥力失衡，耕地需加培育；③在土壤资源、土壤质量、土壤功能和土壤的社会价值认识层面保护意识缺乏，在土壤环境质量基准及标准制定方面缺乏明确的规定与界限。

为提高土壤安全，中国科学院南京土壤研究所赵其国院士认为有六大战略可保护土壤。第一，保护土壤资源，提高利用潜力；第二，加强耕地建设，促进"三农"发展；第三，保护生态安全，防治环境污染；第四，制定科技战略，突出环境管理；第五，建立和完善土壤保护法制、体制和机制，构建基于风险的我国土壤保护体系；第六，突出区域特点，加强保护对策。（何亚婷、徐明岗）

## 312. 什么是全球土壤伙伴关系（GSP）？

全球土壤面临巨大压力。人们越来越认识到土壤在保障粮食安全、提供生态系统服务、适应及减缓气候变化方面的关键作用。虽然如此，却没有一个国际组织致力于将有关土壤的知识和认识运用于国际气候谈判或政策制定中。2010年6月世界粮农组织（FAO）农业委员会第二十二届会议决定，建立一个统一的、公认的国际土壤伙伴关系平台。因此，全球土壤伙伴关系（GSP，Global Soil Partnership）于2012年年底建立，目的是要设立一个重要机制，以便所有相关方（FAO和处理土壤问题的相关机构）之间开展新的合作，在土壤资源受到严重威胁时采取更有效的可持续土壤管理行动。GSP通过收集、分析和交流全球土壤使用、保护及退化等方面的信息数据，为国际社会和各国政府制定有关土壤利用和保护的政策提供服务。GSP全体会议每年举行一次，2013年举行了第一次全体会议。（何亚婷、徐明岗）

## GLOBAL SOIL
## PARTNERSHIP

全球土壤伙伴关系标识（图片来自联合国粮农组织网站）

## 313. 什么是全球土地计划（GLP）？

　　全球土地计划（Global Land Project，GLP）成立于2005年，由国际科学联盟所属的国际地圈生物圈计划（IGBP）和国际全球环境变化人文因素计划（IHDP）继土地利用/土地覆盖变化计划（LUCC）完成后共同推出，是国际全球环境变化4个核心科学计划（水系统、碳、食物和土地）之一，也是国际科学联盟未来地球计划（Future Earth）的核心研究计划之一。全球土地计划的核心目标是量测、模拟和理解人类—环境耦合系统，即：识别陆地上人类—环境耦合系统的各种变化，并量化这些变化对耦合系统的影响；评估人类—环境耦合系统的变化对生态系统服务功能的影响；识别人类—环境耦合系统的脆弱性和持续性与各类干扰因素相互作用的特征及动力学。

全球土地科学大会每2～4年召开一次。前两届大会分别于2010年10月和2014年3月在美国亚利桑那州立大学和德国柏林洪堡大学召开，推动和加强了各国在土地利用、资源高效配置、产业布局和可持续发展等领域的合作与交流，对主办国的土地科学和全球变化研究具有重要的推动作用。（何亚婷、徐明岗）

## 314. 什么是地球村？

地球村又叫世界村，是加拿大传播学家M.麦克卢汉1967年在《理解媒介：人的延伸》一书中首次提出，是指随着广播、电视、电信等电子媒介的出现，人与人之间的时空距离骤然缩短，整个世界紧缩成一个"村落"。

地球村的出现打破了传统的时空观念，使人们与外界乃至整个世界的联系更为紧密，人类变得相互间更加了解。地球村是互联网的发展，是信息网络时代的集中体现，而现代交通工具的飞速发展、通信技术的更新换代、网络技术的全面运用使地球村得以形成。地球村促进了世界经济一体化进程。

简单点说，地球村是说地球虽然很大，但是由于信息传递越来越方便，大家交流就像在一个小村子里面一样便利，就称地球这个大家庭为"地球村"了。无论肤色、无论种族，人人平等到只是一个村落中的一份子。

"地球村"的概念对于土壤保护具有十分重要的意义。我们脚下的土地是我们生活和生存的基础，我们每一个人都有责任和

义务来保护我们的土地和土壤，维持土壤健康，创造我们共同的美丽家园。（何亚婷、徐明岗）

## 315. 为什么要建立粮食生产功能区和重要农产品生产保护区？

建立"粮食生产功能区和重要农产品保护区"（以下简称"两区"）是落实"藏粮于地、藏粮于技，确保谷物基本自给、口粮绝对安全"粮食安全新战略的重大举措，也是粮、棉、油、糖等大宗农产品应对国际市场冲击的重要手段。

"两区"是一个新事物，包括稻谷、小麦、玉米三大谷物粮食生产功能区，大豆、棉花、油菜籽、糖料蔗、天然橡胶五类重要农产品生产保护区。划定并建立"两区"，增强粮食和重要农产品有效供给能力，是新时期国家粮食安全形势的迫切需要。建立"两区"，聚焦核心品种和优势产区，将粮食等重要农产品生产用地细化落实到地块，优化区域布局和要素组合，可为农业结构性调整和提高农产品市场竞争力提供坚实支撑。（邸佳颖）

## 316. 2017年农业部启动实施的农业绿色发展五大行动有哪些？

农业部2017年决定启动实施"畜禽粪污资源化利用行动""果菜茶有机肥替代化肥行动""东北地区秸秆处理行动""农膜回收行动"和"以长江为重点的水生生物保护行动"农业绿色发展五大行动。

这五大行动针对的都是当前农业发展面临的最突出问题和短板，能否解决好这些问题关系农业可持续发展，关系老百姓特别是广大农民群众的切身利益。实施这些行动，有利于改变传统生产方式，减少化肥等投入品的过量使用，优化产地环境，提升农产品品质，从源头上确保优质绿色农产品的供给，有利于推进农业生产废弃物综合治理和资源化利用，变废为宝。（邸佳颖）

### 317. 如何推进农业供给侧结构性改革中耕地质量的保护与提升？

280

　　推进农业供给侧结构性改革，以优化供给、提质增效、农民增收为总体目标，目标的实现离不开耕地质量的提升和对耕地的保护。农业部2017年1号文件《关于推进农业供给侧结构性改革的实施意见》的第二条就是加强耕地保护和质量提升；第十七条是扩大耕地轮作休耕制度试点规模。这两条意见的提出，凸显了国家对耕地的重视。

　　对耕地质量提升及耕地保护需要大规模开展高标准农田建设，提高建设质量；推动全面落实永久基本农田特殊保护政策措施；实施耕地质量保护和提升行动，分区开展土壤改良、地力培肥和治理修复，持续推进中低产田改造；扩大东北黑土地保护利用试点范围；开展耕地土壤污染状况详查，深入实施土壤污染防治行动计划，继续开展重金属污染区耕地修复试点；分区域、分作物完善轮作休耕技术方案；开展遥感动态监测和耕地质量监测，建立健全耕地轮作休耕试点数据库，跟踪试点区域作物种植和耕地质量变化情况。（邸佳颖）

### 318. 如何实现"2020年化肥使用量零增长"行动方案？

　　农业部2015年提出"到2020年化肥使用量零增长行动"，主要是针对目前存在的化肥过量施用、盲目施用，带来的成本的增加和环境的污染等问题，提出急需改进的施肥技术方式，从而提高肥料利用率，减少不合理投入，保障粮食等主要农产品有效供给，促进农业可持续发展。

实现"2020年化肥使用量零增长"的主要技术途径是"精、调、改、替"。"精"即推进精准施肥。根据不同区域土壤条件、作物产量潜力和养分综合管理要求，合理制定各区域、作物单位面积施肥限量标准，减少盲目施肥行为。"调"即调整化肥使用结构。优化氮、磷、钾配比，促进大量元素与中微量元素配合。适应现代农业发展需要，引导肥料产品优化升级，大力推广高效新型肥料。"改"即改进施肥方式。大力推广测土配方施肥，提高农民科学施肥意识和技能。研发推广适用施肥设备，改表施、撒施为机械深施、水肥一体化、叶面喷施等方式。"替"即有机肥替代化肥。通过合理利用有机养分资源，用有机肥替代部分化肥，实现有机无机相结合。提升耕地基础地力，用耕地内在养分替代外来化肥养分投入。（邸佳颖）

## 319. 如何开展有机肥替代化肥行动？

2017年2月，农业部刊发《开展果菜茶有机肥替代化肥行动方案》，实施有机肥替代化肥，首先以果菜茶生产为重点。涉及柑橘、苹果、茶叶、设施蔬菜4大类经济作物及其主产区，旨在推进资源循环利用，实现化肥用量明显减少、产品品质明显提高、土壤质量明显提升的"一减两提"目标，节约成本，提质增效。

4大作物重点实施模式：①苹果："有机肥+配方肥"模式、"果—沼—畜"模式、"有机肥+水肥一体化"模式、"自然生草+绿肥"模式。②柑橘："有机肥+配方肥"模式、"果—沼—畜"模式、"有机肥+水肥一体化"模式、"自然生草+绿肥"模式。③设施蔬菜："有机肥+配方肥"模式、"菜—沼—畜"模式、"有机肥+水肥一体化"模式、"秸秆生物反应堆"模式。④茶叶："有机肥+配方肥"模式、"茶—沼—畜"模式、"有机肥+水肥一体化"模式、"有机肥+机械深施"模式。到2020年，实现果菜茶优势产区化肥用量减少20%以上，果菜茶核心产区和知名品牌生产基地（园区）化肥用量减少50%以上的行动目标。（邸佳颖）

湖南祁阳果园生草+绿肥模式（摄影：徐明岗）

## 320. 如何实现"互联网+"农业模式中的土壤管理？

"互联网+"农业是将当前互联网、物联网等新一代信息技术，与农业生产、经营、流通、加工、销售及农业生活等环节相结合，最终实现农业发展的"信息支撑、管理协同，产出高效、产品安全，资源节约、环境友好"。

　　土地不能集约化、生产不能规模化是目前很多大田农作物面临的问题。在信息化的农业中，需要整合土壤历史种植信息，搭建土壤溯源管理服务系统，通过智能分析技术掌握土壤信息和种植规律，为种植户科学地制定种植规划提供数据支撑；开发应用更多的土壤水分、养分等实时监测系统软件，集自动监测技术、信息技术及相关的专用数据分析软件和通讯网络于一体的综合性的自动监测系统。对土壤水分、土壤温度、空气湿度、降水量、土壤盐分含量、电导率、土壤主要养分等指标进行实时监测，为开展田间管理、排涝抗旱等工作提供科学准确的数据支撑，实现土壤质量的提升与可持续发展。（邸佳颖）

图书在版编目（CIP）数据

土壤保护300问 / 徐明岗等编著. —北京：中国农业出版社，2017.7（2020.10重印）
ISBN 978-7-109-23119-1

Ⅰ.①土… Ⅱ.①徐… Ⅲ.①土壤环境－环境保护－问题解答 Ⅳ.①X21-44

中国版本图书馆CIP数据核字（2017）第161243号

TURANG BAOHU 300 WEN

中国农业出版社出版
（北京市朝阳区麦子店街18号楼）
（邮政编码 100125）
责任编辑 魏兆猛

北京通州皇家印刷厂印刷 新华书店北京发行所发行
2017年7月第1版 2020年10月北京第3次印刷

开本：880mm×1230mm 1/32 印张：9.5
字数：220千字
定价：59.00元
（凡本版图书出现印刷、装订错误，请向出版社发行部调换）